전신피부관리실습

Basic Body Treatment

김금란 · 이유미 · 장순남 공저

光文閣
www.kwangmoonkag.co.kr

머리말

피부미용에 대한 교육은 1951년 정화예술대학의 전신인 정화미용고등기술학교에서 본격적으로 시작된 이래, 사회 · 경제적 변화와 더불어 발전을 거듭하고 있다. 특히 아름답고 건강한 피부에 대한 관심의 증대는 보다 과학적이고 전문화된 피부미용 분야를 요구하게 되었으며, 현대인의 삶에 중요한 위치를 차지하게 되었다.

물론 다른 학문 분야처럼 오랜 세월에 걸쳐 체계적인 이론을 확립하지는 못했으나 우리나라의 피부미용 분야는 다른 어느 나라보다 이론적, 실무적 영역에서 급격한 발전을 거듭했으며, 학문의 체계화를 위해 노력해 왔다.

최근에 미용이 국가경쟁력 강화 산업 및 국가 역점 산업으로 부각되면서 미용교육은 체계적이고 전문적인 실무 중심 교육의 필요성이 강조되고 있다. 또한, 고객들의 소득 증가와 독창성 및 개성을 중시하는 사회적인 흐름에 따라 미용의 질적인 변화가 불가피하여 이 분야의 전문화 및 세분화가 절실히 요구되고 있다.

따라서 본 교재도 이러한 사회적 요구와 필요성에 의해 이론과 실습이 잘 조화되도록 구성하고자 노력하였다. 전신관리에 필요한 기초 이론 및 임상에 대한 기본 개념을 파악하고 응용할 수 있도록 기초적이면서도 전문적인 지식을 이해하기 쉽게 구성하였다. 본 《전신 피부관리 실습》은 실질적이고 효율적인 교육이 가능하도록 하는데 역점을 두고 집필하였으므로 기본 개념을 파악하고 실무에서 적용하는 데 도움이 되었으면 한다.

본 교재는 먼저 전신관리의 목적, 효과, 방법, 기본 동작 등 전신관리 전반에 관해 이해할 수 있도록 정리해 보았다. 전신관리를 실습하기에 앞서 숙지해야 하는 골격계, 근육계 등 해부학적인 이론을 학습할 수 있도록 하였다. 또한, 체형에 관한 이론을 근거로 전신관리 계획을 세우고, 교육 현장과 실무에서 두루 적용할 수 있는 기본적이면서도 실용적인 전신관리 테크닉을 소개하여 전문적인 관리를 할 수 있도록 하는데 중점을 두었다. 또한, 전신관리에 사용되는 기기들과 화장품에 대한 이해를 통해 전신피부관리에 관련된 다양한 지식을 함양할 수 있는 기회도 제공하였다. 마지막으로 제모의 목적과 방법을 제시하여 연습할 수 있도록 하였다.

한정된 시간에 많은 내용을 정리하는데 능력의 한계를 절감하였으나 학문적인 바탕 위에서 교재를 집필하고자 하는 마음에서 작업을 시작하였다. 그럼에도 불구하고 이 책이 갖는 오류와 부족은 전적으로 필자들의 책임이며, 이러한 결점들은 전문가의 고견을 경청하여 앞으로 계속 수정 · 보완해 나갈 것을 약속드린다. 더불어 본 《전신 피부관리 실습》이 피부미용에 입문하는 학생들뿐만 아니라 현장에서 피부관리 업무에 종사하는 전문 피부미용사들의 지침서로 활용되기를 바란다.

끝으로 《전신 피부관리 실습》 교재를 집필할 수 있도록 격려해주시고 배려해주신 정화예술대학 한기정 총장님과 이 책이 발간될 수 있도록 흔쾌히 출판을 허락하신 광문각출판사 박정태 사장님과 임직원 여러분의 정성어린 손길에 감사의 뜻을 전한다.

저자 일동

목차

06 전신관리용 기기

CHAPTER

01 전신관리의 이해

1. 전신관리의 목적

2. 전신관리의 효과

3. 전신관리 방법

4. 전신 매뉴얼테크닉
(Manual-technique)의 기본 동작

CHAPTER 01 전신관리의 이해

1. 전신관리의 목적

전신관리는 등, 가슴, 배, 팔, 다리 부위를 아름답고 건강하게 유지, 증진해주는 관리이다. 인체 중 얼굴과 모발, 두피를 제외한 모든 부분을 전신이라 하며 손과 발도 포함하며 부위별로 각각 다른 특징을 가지고 있으므로 보습과 영양을 목적으로 관리가 되어야 한다.

전신관리는 안면을 제외한 신체의 모든 부위를 대상으로 하여 피부미용 기기와 매뉴얼테크닉을 적용하여 피부 상태의 보완 및 개선, 스트레스 완화, 체형관리, 부종관리, 신진대사 촉진, 근육의 이완, 심신의 안정, 혈액순환 증진 등을 목적으로 한다.

전신관리는 관리하고자 하는 부위에 적당한 압력(Pressure)과 신장(Stretching)을 효율적으로 적용함으로써 그 조직에 자극을 주어 관리 목적에 이르게 하는 것이다. 압력과 신장은 조직을 부드럽게 압착시켜 주며 신경조직과 신경종말에 적절한 자극을 주기도 한다.

피부미용에서의 전신관리 목적은 건강과 미용적 부분을 수술이나 약물요법 없이 가꾸어 주는데 목적이 있다. 인체의 기능을 정상적으로 유지, 증진하여 건강하고 아름다운 피부와 체형을 만들며, 스트레스를 완화시키고 피로회복을 촉진하여 젊음을 유지하고 인체의 결함을 보완한다. 건강한 육체는 노화 방지와 아름다운 몸과 정신을 유지하여 준다고 할 수 있다.

전신관리 방법으로는 손과 미용기기를 이용한 다양한 방법으로 진행되는데 전신분석과 자세 진단이 이루어진 후 시행되어야 한다.

마사지라는 용어의 어원은 두드리다, 어루만지다라는 뜻의 아랍어 mass, 손이라는 뜻의 라틴어 manus, 주무르다라는 뜻의 그리스어 masso, massein 등에서 유래하였다.

마사지라는 용어는 대략 1세기 전 중국의 한방의학 서적을 프랑스어로 번역하여 《The Cong-fou of the Tao-tse》라는 책을 출판하면서부터 사용하기 시작하였다.

마사지는 초기 문명시대 이래 수 세기 동안 시행되어 왔으며, 치료효과로서 인체 조직의 기능을 회복시켜 신체에 활력을 주고, 통증을 가라앉히며 아름답게 하는 기능이 있다.

전신 마사지는 인체의 신진대사 균형을 원활하게 하는데 있어 생리적, 물리적, 심리적 방법을 이용하여 치료의 효과를 얻는데 있다. 즉 전신 마사지는 기능 회복을 위한 운동을 대신할 수는 없지만 림프의 순환을 돕기 때문에 그 효과에 있어서는 운동과 비슷하다.

2. 전신관리의 효과

1) 혈액순환 촉진

마사지는 직접적으로 피부 표면을 자극하기 때문에 피부에 미치는 영향이 가장 빨리 나타나며 피부의 온도를 2~3℃ 정도 증가시킬 수 있다. 피부는 보호, 분비, 감각, 온도조절 등의 수많은 기능을 가지고 있다. 마사지를 통해 피부의 감각수용기를 자극하여 피부의 표재혈관을 반사적으로 확장시키므로 피하정맥혈을 심장으로 돌려보내는 한편 동맥혈의 박출을 증가시켜 신진대사를 촉진한다. 피부의 온도는 상승하고 피부의 혈색이 좋아지며 땀샘의 기능도 좋아진다. 마사지는 피부나 근육의 혈행을 좋게 하고 심장의 부담을 가볍게 하고 전신의 혈액순환을 촉진한다. 피부나 근육의 혈행이 좋아지면 각 조직의 신진대사가 왕성하게 되고 노폐물 배출을 원활하게 하는 효과가 있다.

2) 항진작용

마사지를 실시하여 기능이 저하된 신경이나 근육에 흥분작용을 유도하여 항진 효과를 높여 기능 회복을 도와주는 작용을 말한다. 기능 항진을 목적으로 행하는 마사지는 비교적 약하게 자극을 주는 것이 좋고, 수기 방법으로는 경찰법(Effleurage : 에플루라지)과 유연법(Petrissage : 페트리사지)이 적합하다.

3) 진정작용

비정상적으로 신경이나 근육의 기능이 항진되어 있을 때 마사지를 행하여 그 기능을 진정시키는 작용을 말한다. 경찰법과 유연법, 연속적 압박법(Compression) 등을 실시하는 것이 좋다. 주의할 점은 통증을 유발하고 있는 경우는 그 국부 자극에 대한 감수성이 높기 때문에 자극을 주는 방법에 있어 충분히 유의해야 한다.

4) 반사작용

손상 부위나 피로한 부분과 상응하는 곳에 마사지를 실시하여 신경, 근육, 내장 등에 간접적으로 자극을 가하여 기능을 회복시키는 작용을 한다.

5) 유도작용

타박상, 외상 등이 발생되어 그 부위가 붓거나 붉게 되면서 통증 등의 증상이 발생되었을 때는 처음부터 그 환부에 직접 마사지하지 않고 중추부(심장의 가까운 쪽)에서부터 마사지하는 것이 그 부위의 증상을 가볍게 할 수 있는 방법으로 경찰법이 좋다.

6) 전신 조절 효과

마사지로 인한 압력은 피부나 근육에 분포하는 신경의 기능을 활성화시켜 신경의 기능을 증진시키거나 진정시키는 역할을 한다.

경찰법(Effleurage : 에플루라지) 등 가벼운 동작은 편안함과 이완 효과를 갖게 되고, 집어주기(유연법, Petrissage : 페트리사지), 압박법(Compression) 등은 근육이나 피하조직에 자극을 주어 그 부위의 혈액순환을 촉진하고 전신적으로 자율신경이나 내분비선에도 좋은 영향을 줌으로써 심신의 균형을 조절하는 효과가 있다.

7) 내장 기능 회복 효과

복부 마사지는 직접 복부의 혈행을 좋게 하여, 위장 그 외의 모든 복강 기능을 좋게 하며 소화, 호흡을 촉진한다. 등 부위와 허리 부위 마사지는 그 부위의 근육 피로에서 오는 결림이나 통증을 제거하고 반사적으로 호흡기, 순환기, 위장 기능도 좋아지게 하는 효과가 있다.

3. 전신관리 방법

1) 아로마테라피(Aroma Therapy)

아로마테라피는 아로마(Aroma : 기쁨의 향기, 좋은 향기)와 테라피(Therapy : 치료)의 합성어로 식물의 나무나 뿌리, 꽃, 잎 등에서 추출한 에센셜 오일을 사용하여 몸과 마음에 긍정적 효과를 얻을 수 있는 생활 치료법을 말한다.

20세기 들어와서 화학 합성 물질에 부작용이 많다는 사실이 알려지면서 아로마테라피에 대한 인식이 부각되기 시작하였다. 1928년 화학자인 르네 모리스 가트포세(Rene-Maurice Gattefosse)가 《아로마테라피(Aromatherapie)》라는 책을 발간함으로써 아로마테라피라는 용어를 사용하였다. 가트포세는 실험 중 손에 화상을 입고 우연히 라벤더 오일 통에 상처 부위를 담그자 수포나 상처 없이 빠르게 치유되는 것을 경험한 후 에센셜 오일이 방부력이 뛰어나다는 것을 발견하게 되었다.

(1) 방법

① 식물의 나무나 뿌리, 꽃잎, 열매, 잎 등에서 추출한 천연 오일 성분으로 매뉴얼테크닉, 흡입법, 목욕법, 습포 등의 방법에 의하여 관리한다.

② 에센셜 오일(Essential Oil)은 각기 다른 독특한 향과 치유력을 지니며 살아 있는 생체 에너지, 호르몬 작용을 도완준다.

③ 에센셜 오일은 아로마 오일이라고도 하며, 전신관리의 여러 가지 방법에 같이 사용하면 시너지(Synergy) 효과가 크다.

④ 흡수된 에센셜 오일은 심신의 안정과 신체의 면역기능을 활성화하여 몸과 마음의 균형을 이루도록 도와준다.

⑤ 캐리어 오일(Carrier Oil)은 에센셜 오일을 희석하여 매뉴얼테크닉 오일을 만들 때 기본 재료가 되는 식물성 오일을 말한다.
⑥ 캐리어 오일은 베이스 오일이라고도 하며, 아로마 오일을 피부 깊숙이 혈액과 림프액까지 침투시키는 전달자의 역할을 한다.
⑦ 캐리어 오일은 미네랄과 레시틴이 다량 함유되어 있어 피부 개선의 효과가 있다.
⑧ 캐리어 오일(Carrier oil)과 여러 에센셜 오일을 섞어 피부 유형이나 상태에 맞게 블랜딩하여 사용한다.

(2) 효과

① 향균, 소독, 방부, 염증을 완화한다.
② 자율신경계를 자극하여 스트레스 완화 및 심신의 안정을 도와준다.
③ 혈액순환 개선과 면역기능을 도우며, 노폐물 배출을 원활하게 한다.
④ 내분비선에 영향을 주어 호르몬의 균형을 맞춘다.
⑤ 거친 피부에 윤기를 주고, 탄력을 유지시키며 세포의 재생 효과가 있다.
⑥ 에센셜 오일에는 산화 방지 성분인 활성산소 제거 효소가 많이 함유되어 있어 각종 질환의 예방 및 치료의 효과가 있다.
⑦ 공기를 정화하고 좋은 향기를 주며, 악취나 땀, 체취 등에 대해 방취작용이 있다.

(3) 에센셜 오일의 종류

캐모마일, 클라리세이지, 사이프러스, 유칼립투스, 제라늄, 라벤더, 레몬, 마조람, 페퍼민트, 로즈메리, 티트리, 오렌지, 일랑일랑 등이 있다.

2) 림프 드레이니지(Lymph Drainage)

림프 드레이니지는 에밀보더(Emil Vodder) 박사에 의해 창안된 수기요법으로 M.L.D(Manual Lymph Drainage)라 한다. 림프순환을 촉진하여 세포의 대사물질 및 노폐물의 체외 배출을 도와주는 기법이다. 조직의 영양대사를 원활히 하고 신체의 부종과 통증, 피부미용 이상증과 같은 문제점 개선에 도움을 주는 방법이다.

(1) 목적

① 림프순환을 촉진하여 혈관을 건강하게 한다.
② 노폐물의 배출을 도와준다.
③ 세포의 대사물질 및 결체 조직의 노폐물을 제거한다.
④ 과잉 수분을 제거하여 부종을 해결한다.
⑤ 독소를 제거한다.
⑥ 자율신경계의 작용을 균형 있게 한다. 통증을 가라앉히고 진정시켜 준다.
⑦ 면역기능을 강화시켜 준다.
⑧ 피부미용의 이상증과 같은 문제점을 개선해 준다.
⑨ 조직액을 10~20배 정도 빨리 림프관으로 흐르게 한다.

(2) 효과

① 신경계에 미치는 효과

- 자율신경계의 균형을 이루어 신체의 항상성을 유지하도록 해준다.
- 부교감신경계를 자극하여 저항력을 증진시키고 민감한 말초신경을 진정시켜 준다.

② 노폐물 배출, 피로회복, 숙면을 취하게 한다.

③ 근육계에 미치는 효과

- 정서적인 안정감, 신경계의 조화, 정상적인 순환이 이루어져 근육의 긴장이 완화되므로 통증이 감소된다.

④ **면역계에 미치는 효과**

- 축적된 노폐물과 불필요한 체액을 배출시켜 부종을 예방하거나 개선하여 감염의 위험을 줄이고 면역력을 증강시킨다.
- 림프구의 생성을 촉진하며, 항체 생산이 활성화되어 저항력을 항진시키고 맑은 림프액을 혈액으로 보내 혈액의 오염을 예방하므로 건강 증진에 도움을 준다.

(3) 적용 피부

① 자극에 민감한 피부에 관리한다.
② 알레르기 피부, 노화 피부, 여드름 피부, 모세혈관확장 피부에 가능하다.
③ 부종이 심한 경우에 시술하며 효과가 좋다.
④ 수술 후 상처 회복에 적용할 수 있다.
⑤ 셀룰라이트와 홍반 피부에 적용할 수 있다.

(4) 비적용 피부

① 모든 악성질환, 급성적인 염증질환이 있는 경우는 금한다.
② 혈전증이 있거나 갑상선 기능 항진증이 있는 경우는 금한다.
③ 심부전증, 천식이 있는 경우는 호흡에 곤란이 발생할 수 있으므로 금한다.
④ 결핵, 색전증, 저혈압이 있는 경우에도 시술할 수 없다.

(5) 기본 동작

림프순환을 위하여 가벼운 압과 일정한 속도로 림프 방향과 일치하도록 손바닥이나 손끝 부위로 림프의 배출을 도와주는 동작이다.

① **고정원 그리기(Staionary Circles)**

- 손바닥 전체나 손가락의 끝 부위를 이용한다.
- 피부 위에서 일정한 주기로 연속적으로 시행한다.
- 원형을 그리는 동작으로 한 부위를 여러 번 반복하여 실시한다.

– 림프 배출 방향으로 압을 주는 방법이다.
– 림프의 흐름에 역행하지 않도록 주의한다.
– 목이나 얼굴, 주요 림프절 부위에 적용한다.

② **펌프 기법**(Pump Technique)

– 엄지손가락과 네 손가락을 둥글게 해서 엄지와 검지 부분의 안쪽 면을 피부에 닿게 하고 손목을 움직여 위로 올리 때 압을 주어 림프의 흐름을 도와주는 기법이다.
– 손등을 위로 향하게 하고 손바닥의 전면이 피부에 완전히 닿도록 손을 컵 모양으로 만든다.
– 팔이나 다리에 적용한다.

③ **퍼올리기 기법**(Scoop Technique)

– 엄지를 제외한 네 손가락을 가지런히 하고 손바닥을 이용해 손목을 회전하여 위로 쓸어 올리듯이 압을 주는 기법이다.
– 엄지가 축이 되어서 나선형의 움직임을 만든다.
– 손등을 아래로 향하게 하고 바닥면이 충분히 피부에 접촉될 수 있도록 한다.
– 주로 팔이나 다리에 적용한다.

④ **회전 기법**(Rotary Technique)

– 손가락 전체를 피부에 대고 피부를 약간 늘린 후 손바닥 전체를 피부에 밀착시켜 림프의 순환 방향을 따라 압을 주고 손목을 움직여 옆으로 회전하는 기법이다.
– 손바닥을 편 상태에서 피부를 팽팽하게 당긴다.
– 엄지는 림프액이 흐르는 방향으로 원형의 동작을 만들어 피부를 당긴다.
– 흉곽, 등, 둔부, 복부에 적용한다.

3) 한국형 피부관리

동양의 경락 이론에 바탕을 두고 발전한 수기요법의 일종으로 이론상으로는 지압과 같다. 지압은 경혈 위주의 압박과 자극을 사용하는데 비해 한국형 피부관리는 경혈은 물론 경락을 주 대상으로 하는 기술이다.

경락은 생체의 에너지 흐름을 통해 신체 장기와 흡사한 계통 체계를 갖추고 있다.

경락의 흐름은 신장을 중심으로, 심장의 혈액순환과 같이 일정하고 규칙적인 법칙에 의해 전신을 순환하게 되며, 신체의 상태 및 활동을 관장한다.

생체 에너지의 흐름은 전기의 흐름과 동일하다고 볼 수 있다. 즉 인체는 (+), (−)의 극성을 띤 생체전기의 이온작용에 의해 신진대사가 이루어진다.

(1) 효과

① 혈액과 림프의 흐름을 촉진하여 노폐물을 배설시킨다.
② 산소나 영양소의 신진대사를 활성화하고 근육의 운동 효과를 촉진하여 근육의 수축과 지속력에 영향을 미친다.
③ 세포 기능을 활성화시켜 인체의 자가 면역력을 높이고 노화를 예방, 억제, 개선하는 효과가 있다.
④ 내장 기능에 활력을 부여하며, 특히 스트레스 예방 및 해소로 인한 심리적 안정에도 크게 기여한다.

[참고]

경락(經絡)

인체에는 기(氣)와 혈(血)이 순행하는 길이 있는데 여기서 에너지, 즉 기(氣)가 순환하는 통로를 경락(經絡)이라 한다.

경락은 인체의 오장육부는 물론 외부의 표피, 털, 근육에까지 연결되어 완전한 유기적 관계를 이룬다.

경락은 인체의 큰 줄기인 경맥과 경맥에서 갈라져 인체의 표피 가까이에 분포된 곁가지 맥인 낙맥으로 구성돼 있다. 경맥에는 12 경맥과 기경 8 맥이 있으며, 12 경맥에는 12 경별과 12 경근, 12 피부가 속해 있고 낙맥에는 15 낙맥, 손락, 부락 등이 있다.

경혈(經穴)

경락의 기가 반응하는 곳을 경혈(經穴)이라 하며, 보통 인체 장기의 기운이 나타나는 곳을 말한다. 각 경맥에 연결되어 있기 때문에 모든 병의 반응점이기도 하며, 장기의 해당 경혈의 자극만으로 신체 기능 이상을 조절하기도 한다.

12 경맥과 임맥, 독맥에 있는 경혈을 14 경혈이라 하며 경맥의 순행선상에 있다.

14 경혈에 포함되지 않는 것을 경외기혈이라 하고, 일정한 부위와 명칭이 없는 것을 아시혈이라 한다.

(2) 방법

① 인체의 기와 혈의 순행하는 길을 따라 인체의 오장육부와 피부, 근육에 유기적인 관계를 이루는 14 경맥과 361 혈점을 이해하여 체중과 리듬을 실어 적당한 압을 가한다.

(3) 효과

① 기의 순환 상태를 원활하게 한다.
② 영양 상태를 조절하고 체질 개선을 할 수 있다.
③ 면역력을 증강시키고 기력을 돋게 해준다.

4) 스파 테라피(SPA Therapy ; Hydro Therapy)

(1) 방법

① 물과 기기를 이용하여 신체를 자극하며, 즐기면서 건강을 위한 관리를 할 수 있다.

스파테라피는 광천온수로 유명한 벨기에의 리게 근처의 작은 마을 스파우(Spau)에서 시작되었으며, 치료와 관련된 연구는 1950년대부터 유럽을 중심으로 이루어졌다.

② 열을 이용한 열목욕 방법, 건식 방법, 스팀을 이용한 방법, 뜨거운 돌을 이용한 방법, 사우나와 유사한 방법 등을 이용하여 관리한다.

(2) 효과

① 근육의 이완 및 유연성을 주고 스트레스를 완화한다.

② 혈액순환을 원활하게 도와준다.

③ 균형감각과 신경근육의 발달을 촉진하여 균형적 신체를 가꿀 수 있다.

④ 관절 통증 완화와 재활 치료에 효과가 크다.

4. 전신 매뉴얼테크닉(Manual-technique)의 기본 동작

손을 이용한 관리 과정으로 근육에 물리적인 자극을 주어 피부 표면의 잔주름을 완화해주고, 혈액순환을 활성화하고 노폐물 배출을 도와주는 과정이다.

기본 동작으로는 쓰다듬기, 진동하기, 두드리기, 주무르기, 마찰하기가 있다.

① 쓰다듬기(Effleurage)

매뉴얼테크닉의 시작과 끝 동작이나 동작과 동작을 연결할 때 사용하는 기본 방법으로 손바닥 전체 또는 손가락으로 미끄러지듯 이동하는 동작이다. 경찰법 또는 무찰법이라고도 한다.

② 진동하기(Vibration)

관리 부위의 피부를 좌우로 흔들며 피부 표면에서 조직 내로 진동에 의한 자극을 주는 방법으로 떨어주기라고도 한다.

③ 두드리기(Tapping)

두드리기 또는 고타법은 피부 표면에 일시적인 충격을 주어 자극하는 동작으로 손가락으로 두드리는 태핑, 손바닥의 측면으로 두드리는 슬리핑, 손등으로 두드리는 해킹, 손을 가볍게 주먹을 쥐고 두드리는 비팅, 손가락을 모아 진공 상태로 두드리는 컵핑의 동작이 있다.

④ 주무르기(Kneading)

두 손을 피부 표면에 위치하고 관리 부위를 잡아 중심 부위를 향해 오른손과 왼손을 교대로 반죽하듯 올리는 동작으로 유연법 또는 유날법이라고도 한다.

⑤ 마찰하기(Friction)

관리부위 중심을 기준으로 오른손과 왼손 또는 엄지손가락과 나머지 손가락으로 회전하듯 움직이는 동작을 말한다.

그 외에 원 그리기(Rounding), 압박하기(Pressure), 깊게 누르기(Deep strocking), 돌리기(Circling), 문지르기(Rubbing), 잡아당기기(Pulling) 등이 있다.

(2) 매뉴얼테크닉의 기본 조건

관리사는 매뉴얼테크닉의 준비 단계에서 양손을 깍지를 끼고 상하좌우로 충분히 손목 관절을 풀어주어 무리가 가는 것을 예방한다.

① 압력

매뉴얼테크닉은 부드럽게 시작하고 단계별로 압력의 변화를 주어 약 → 중 → 강 또는 강 → 중 → 약의 변화를 주며 마무리 단계에서 다시 부드러운 압력으로 마무리한다.

② 속도

시작 단계에서는 느린 속도로 하며 중간 단계에서는 강하게 다시 마지막 단계에서는 느린 속도로 진행한다.

③ 리듬

시작 단계에서는 부드럽고 느리게 시작하여 중간 단계에서는 강약약중간약약의 변화를 주고 마무리 단계에서 부드럽고 느린 리듬으로 마무리한다.

④ 방향

매뉴얼테크닉의 전반적인 방향은 정맥과 림프의 순환을 기준으로 하며, 안에서 밖으로, 아래에서 위로, 신체 중심에서 신체 바깥으로, 심장의 먼 곳에서 심장의 가까운 쪽으로 향하게 한다.

(3) 매뉴얼테크닉 시 주의사항

① 임산부에게는 림프순환 정도의 가벼운 마사지를 한다(출산 후 1~2개월).
② 생리 전후에는 피한다.
③ 알레르기가 심한 피부, 트러블이 심한 경우에도 자극이 강한 동작은 피한다.
④ 고름이 함유되어 있는 농포성 여드름이나 염증성 질환이 있는 경우에는 삼간다.
⑤ 심혈관계 질환이나 순환계 이상이 있는 경우에는 삼간다.
⑥ 골절이나 심한 타박상이 있는 경우 완치되었을지라도 전문의의 검진 후 관리한다.
⑦ 간질 같은 발작성 질환이 있는 경우에도 삼간다.

〈표 1〉 매뉴얼테크닉 동작의 명칭과 효과

구분	동작	용어	경찰법
무찰법	Effleurage(애플루라지) Stroking(스트로킹)	쓰다듬기	마사지의 시작이나 마무리할 때 자주 사용한다. 일정한 압을 가하면서 혈관이나 림프관의 흐름에 따라 말초(손과 발끝)에서부터 중추부(심장에 가까운 쪽)의 방향으로 쓰다듬는 기술이다.
강찰법 마찰법	Friction(프릭션) –짜듯이 비틀기(Wringing)	문지르기 마찰하기	손가락과 손바닥을 이용하여 적절한 압력을 가하면서 피부 표면에 원형 동작을 실시한다. 피부를 마찰하는 동작으로 나선을 그리며 문지르는 동작이다.
유연법 유날법	Petrissage(페트리사지) Kneading(니딩)	집어주기 주무르기 반죽하기	손가락 전체를 이용하여 피부를 집어 반죽하는 동작을 말한다. 사선으로 조직을 잡아 리듬감 있게 집어주는 동작을 유연법이라고 한다. 피부 조직을 깊게 집어 밀착감 있게 압력을 가하면서 반죽하는 동작을 유날법이라고 한다. 피부 및 근육의 탄력성 높이고 근육 피로를 풀어 준다.
고타법	Tapotement(타포트먼트) 또는 Percussion(퍼쿠션) - 손의 측면 또는 손등으로 두드리기(Hacking) - 손을 진공 상태(컵모양)로 하여 두드리기(Cupping) - 손가락 측면으로 두드리기(Slapping) - 손가락으로 피아노 치듯이 두드리기(Tapping) - 가볍게 주먹을 쥐고 두드리기(Beating)	두드리기	손가락과 손 전체를 이용하여 가볍고 리듬감 있게 관리 부위를 균등하게 두드리는 동작이다. 경직된 근육을 이완시키고, 근육의 피로를 감소시켜주며, 신경과 근육에 적당한 자극주어 기능 항진에 도움을 주는 동작이다.
진동법	Vibration(바이브레이션) Shaking(셰이킹)	떨어주기 흔들기	손 전체를 관리 부위에 밀착시켜 빠르고 고르게 떨어주는 동작이다. 피부에 균등한 진동으로 섬세한 자극을 주는 동작으로 상완에 힘을 주어 자연스럽게 떨어준다. 근육 및 신경에 자극을 주어 기능 항진에 도움을 주고, 근육의 진정과 이완 효과를 준다. 신체의 긴장을 이완하는 효과가 있다.

CHAPTER 02 해부학적 구성

1. 전신의 명칭

2. 골격계(The Skeletal System)

3. 근육계(The Muscular System)

4. 전신 근육의 작용 및 기능

CHAPTER 02 해부학적 구성

1. 전신의 명칭

피부관리사는 body 관리를 위하여 신체 부위의 명칭 및 골격, 근육, 림프의 순환 경로를 숙지하여야 한다.

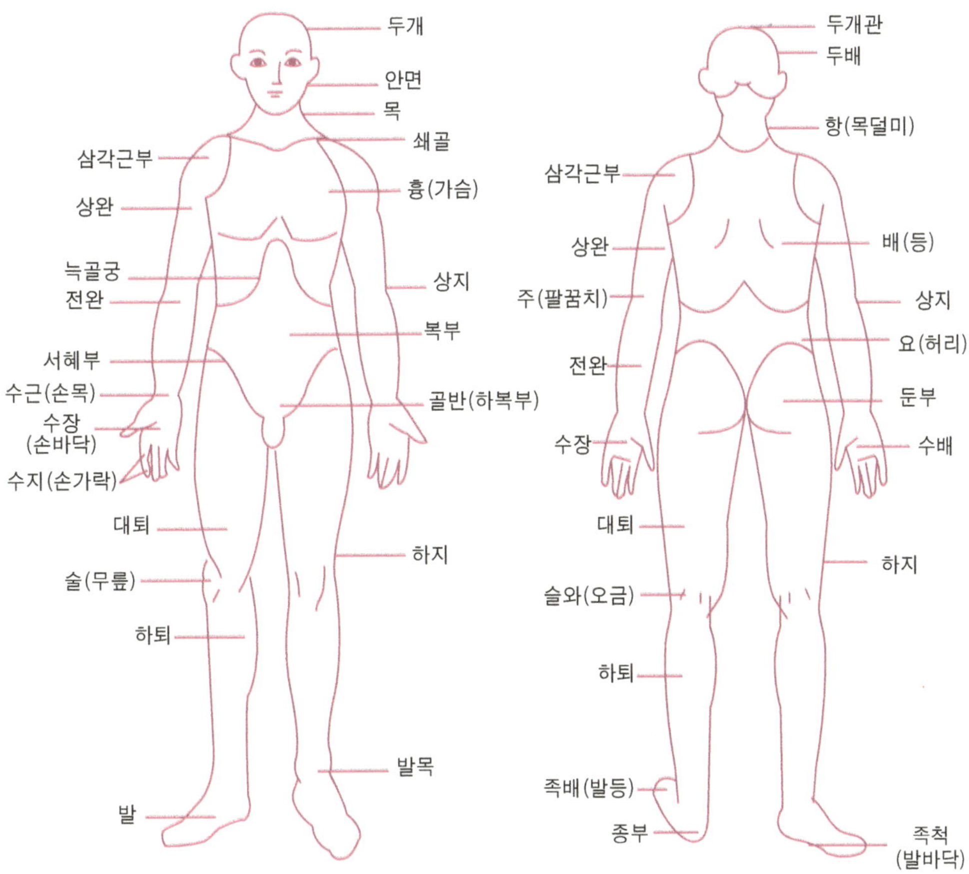

[그림 1-1] 전신의 명칭

2. 골격계(The Skeletal System)

인체의 골격은 총 206개로 구성되어 있으며, 대체로 둘 이상의 뼈가 인대(Ligaments) 등의 결합 조직에 의해 기능적으로 연결되어 관절(Joint)을 형성하며, 관절 운동이 일어나고 서로 지지한다. 뼈는 신체의 지주 역할을 하며 체중의 약 15%를 차지하고 있다. 내부 장기들을 보호하고 근육에 의한 운동의 수동기관이기도 하다. 뼈가 단단하고 찬 느낌을 주는 것은 미네랄 염 때문이다.

1) 골격계의 기능

① 주위에 있는 조직을 지지한다.
② 주요 장기와 기관 및 조직을 보호한다.
③ 근육이 지렛대로 사용할 수 있도록 한다.
④ 적색골수에서 혈구를 생성함으로 조혈작용을 한다.
⑤ 미네랄 염인 칼슘과 인을 저장하고 황색골수에는 지방을 저장한다.

2) 뼈의 성장과 생성

① 태아의 뼈대는 3개월 후, 완전하게 형성되며 대부분 연골로 이루어져 있다. 뼈 발생과 성장은 그 다음에 이루어진다.
② 뼈 길이의 성장은 여자의 경우 15세까지, 그리고 남자의 경우 16세까지 진행된다.
③ 뼈는 방추형의 배아 뼈세포인 뼈모세포(골모세포)에서 성장한다.
④ 적당한 압력과 힘이 뼈에 가해지면 뼈는 더 단단해진다.
⑤ 뼈 파괴세포(파골세포)는 손상된 뼈를 재흡수하는 역할을 한다.

3) 뼈의 유지

① 뼛속의 칼슘은 내분비샘에 의해 조절되며 적당량의 칼슘이 혈액에 있도록 하고 과도한 양의 칼슘은 제거한다.
② 혈류에 칼슘이 부족할 때에 부갑상선호르몬이 분비되어 뼛속의 칼슘을 혈액에 내보낸다. 칼시토닌은 칼슘이 뼈에 저장되게 한다.

4) 뼈의 조직학

뼈는 조직에 따라 치밀뼈와 해면뼈의 두 종류로 나뉜다.
① 치밀뼈(치밀골)는 단단하고 튼튼하며, 긴뼈의 축과 다른 뼈의 바깥을 구성한다.
② 해면뼈(해면골)는 골수로 체워진 많은 공간들이 있다.
③ 뼈는 골질, 연골질, 골수, 골막의 4가지 조직으로 이루어져 있다.

5) 골수

① 적색골수는 혈구를 생성, 조혈 역할을 한다.
② 성인의 갈비뼈(늑골), 척추, 복장뼈(흉골) 및 골반에 있는 해면 조직은 적색골수로 이루어져 있다.
③ 황색골수는 지방세포를 저장하고 있으며 긴뼈대의 해면 조직에서 찾아볼 수 있다.

6) 뼈의 분류

① 장골(긴뼈, Long bone)

– 긴 장축을 가지는 뼈로 뼛속에 골수강이라는 공간이 있고 양쪽 끝이나 한쪽 끝은 골단이라 불리며, 관절을 형성한다.

- 요골과 척골, 대퇴골, 상완골, 경골, 비골 등이 있다.

② 단골(짧은뼈, Short bone)

- 넓이와 길이가 서로 비슷한 짧은 뼈로 족근골(발목뼈), 수근골(손목뼈) 등이 있다.

③ 평편골(납작뼈, Flat bone)

- 뼈의 모양이 납작하게 생긴 뼈로 골수강이 없다. 편평골에는 두개골, 견갑골, 흉골, 늑골 등이 있다.

④ 불규칙골(Irregular bone)

- 특이하고 불규칙적인 모습을 하고 있다. 불규칙 골에 척추와 귀의 이소골(고실뼈)이 있다.

⑤ 종자골(Sesami bone)

- 작고 둥근 뼈로 힘줄과 관절에 가까이 있는 근막 조직에 둘러싸여 있다. 가장 큰 종자골로는 슬개골(무릎뼈)이 있다.

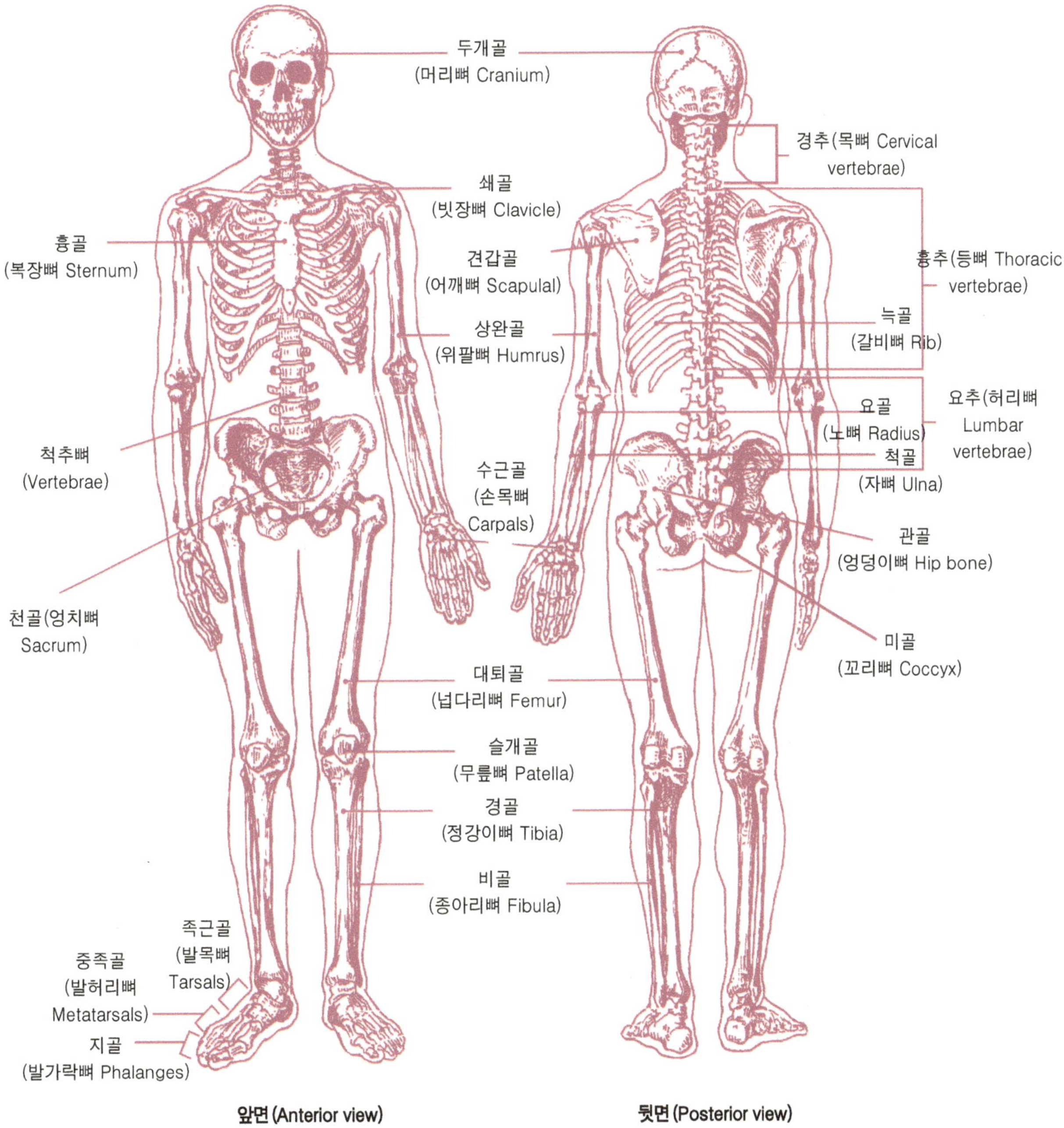
두개골
(머리뼈 Cranium)
경추(목뼈 Cervical
vertebrae)
쇄골
(빗장뼈 Clavicle)
흉골
(복장뼈 Sternum)
견갑골
(어깨뼈 Scapula)
흉추(등뼈 Thoracic
vertebrae)
늑골
(갈비뼈 Rib)
상완골
(위팔뼈 Humrus)
요추(허리뼈
Lumbar
vertebrae)
요골
(노뼈 Radius)
척골
(자뼈 Ulna)
척추뼈
(Vertebrae)
수근골
(손목뼈
Carpals)
관골
(엉덩이뼈 Hip bone)
천골(엉치뼈
Sacrum)
미골
(꼬리뼈 Coccyx)
대퇴골
(넙다리뼈 Femur)
슬개골
(무릎뼈 Patella)
경골
(정강이뼈 Tibia)
비골
(종아리뼈 Fibula)
족근골
(발목뼈
Tarsals)
중족골
(발허리뼈
Metatarsals)
지골
(발가락뼈 Phalanges)
앞면(Anterior view)
뒷면(Posterior view)

[그림 2-1] 전신의 골격

3. 근육계(The Muscular System)

근육은 수축성이 강한 조직으로 뼈, 관절과 협동하여 인체의 움직임에 관여하고 근육이 위치하는 부위에 따라 그 역할이 다르다. 골격근은 골격을 움직이는 전신 운동이나 자세 유지 및 체열의 대부분을 생산하고, 호흡 운동, 심장의 박동, 혈관이나 림프관의 움직임에도 영향을 준다. 또한, 소화기관의 연동 운동, 배뇨, 배변 활동 등의 기능에 영향을 준다.

1) 근육의 종류

① 골격근 : 횡문근의 형태로 수의적으로 움직이며, 골격계와 더불어 체중을 지탱하고 운동에 관여한다. 인체 체중의 40~50%를 차지한다.

② 내장근 : 평활근의 형태로 불수의적으로 움직이며, 내장기관의 운동 및 혈관벽을 형성한다.

③ 심장근 : 횡문근의 형태로 불수의적으로 움직이며, 심장벽을 형성하고 심장의 활동을 담당한다.

2) 골격근의 구조

골격근의 구조는 가장 안쪽에 근원섬유가 있고, 근원섬유가 모여 근섬유를 형성하고, 근섬유가 근속이라는 다발을 형성하며, 이들은 결합 조직에 의해 서로 결합되고 가장 바깥층에서 근막에 의해 둘러싸여 있다.

3) 근육 용어

① 근복부(Belly) : 근육의 가장 두꺼운 부분으로 정지점이나 기시점의 중간으로 수축이 일어나는 부분을 말한다.

② 기시(origin) : 근두, 몸의 중심부에 가까운 곳으로 근육 수축 시 고정점(fixed point) 이다.

③ 정지(insertion) : 근미, 몸의 중심부에서 먼 곳으로 주로 근 수축 시 위치가 변하는 동점(mobile point)이다.

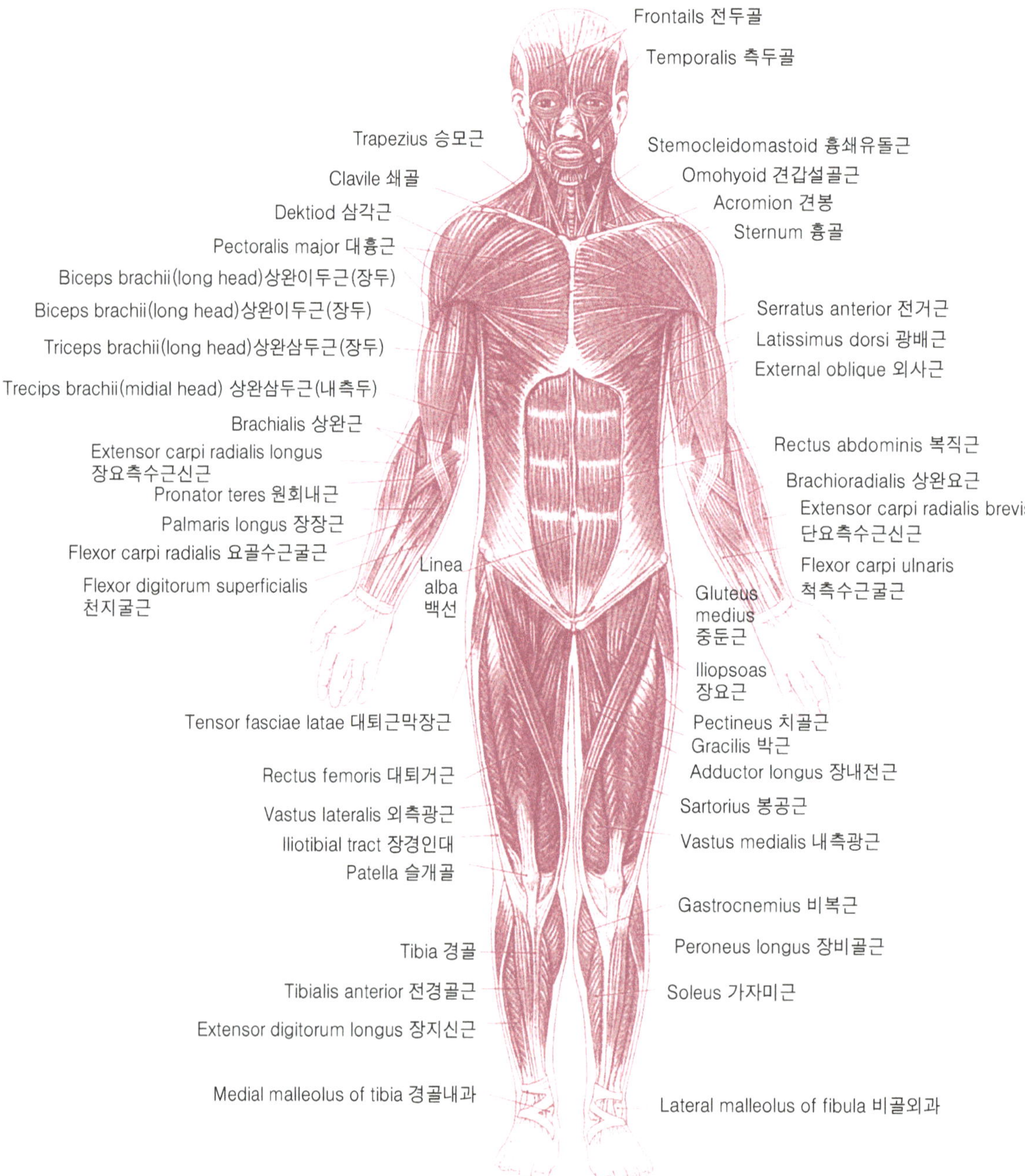

앞면 (Anterior view)

[그림 3-1] 전신의 골격근

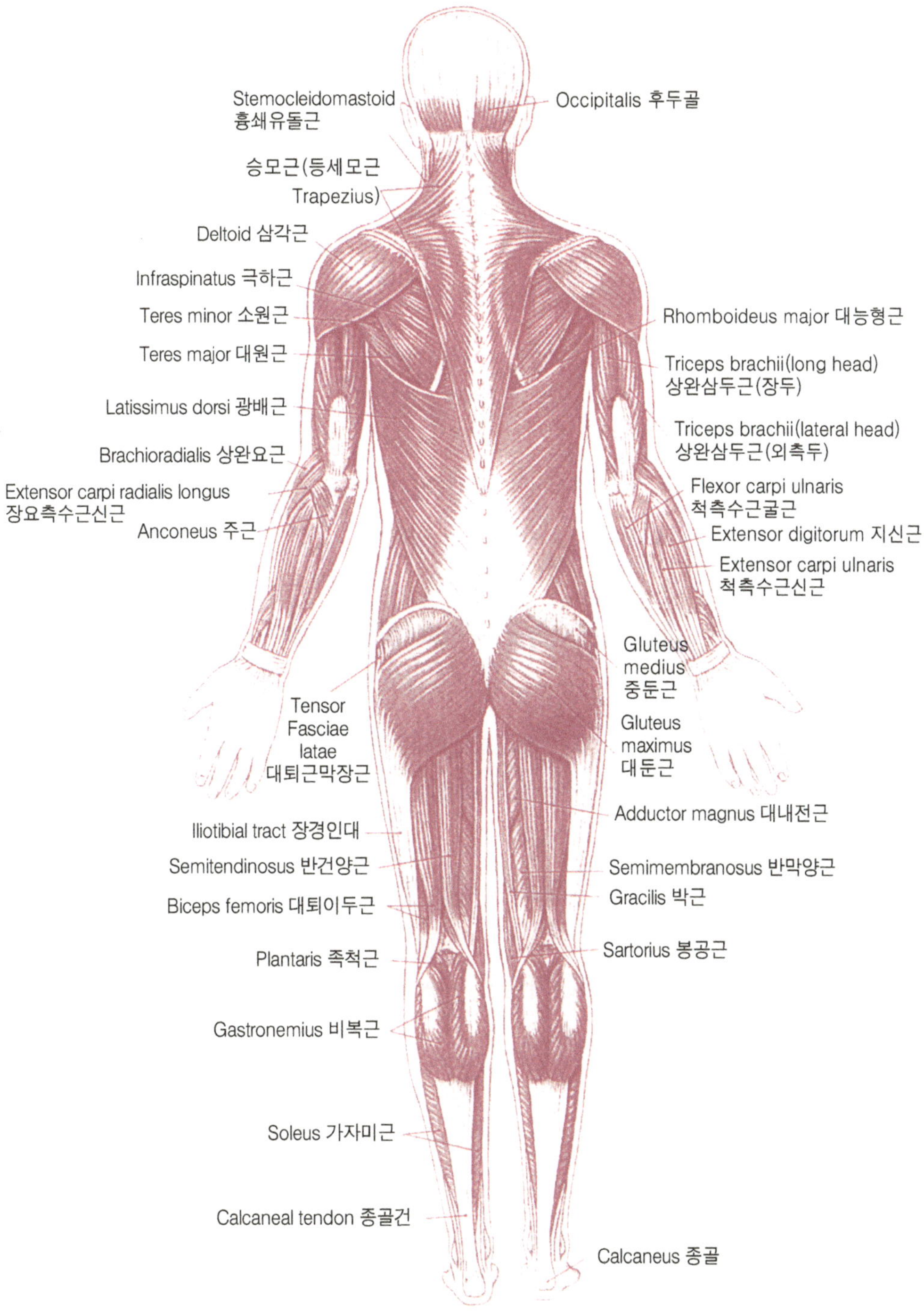

뒷면(Posterior view)

[그림 3-1] 전신의 골격근

4. 전신 근육의 작용 및 기능

1) 흉부의 근육(가슴의 근육)

(1) 천흉근

얕은 가슴 근육으로 상지의 운동에 관여하며, 천흉근으로 대흉근, 쇄골하근, 소흉근, 전거근 등이 있다.

(2) 심흉근

깊은 가슴 근육으로 늑연골에 붙어 있어 늑골의 기능에 관여한다. 심흉근육으로 늑간근이 있다.

대흉근(큰가슴근, Pectoralis major)

- 기시 : 쇄골지(쇄골의 내측 1/2), 흉골지(흉골), 늑골지(제 1~6늑연골), 복근지(외복사근과 복직근의 근막)
- 정지 : 상완의 대결절능
- 작용 : 상완의 내전, 내측 회전, 심호흡 시 늑골을 올려 흉강을 넓히는 작용을 한다.

소흉근(작은가슴근, Pectoralis minor)

- 기시 : 제3~5늑골
- 정지 : 견갑골의 오훼돌기
- 작용 : 견갑골을 전하방 내측으로 잡아당긴다.

쇄골하근(빗장밑근, Subclavius)

- 기시 : 제1늑골
- 정지 : 쇄골밑의 1/2
- 작용 : 쇄골을 안쪽으로 당겨 어깨를 모은다.

흉골근(복장뼈근, Sternalis)

- 기시 : 흉골
- 정지 : 제3~7 늑연골
- 작용 : 골격의 움직임에는 관여하지 않는다.

전거근(앞톱니근, Serratus anterior)

- 기시 : 상부(제1~2늑골), 중부(제3~4늑골), 하부(제5~9 늑골)
- 정지 : 견갑골 하각 및 내측연
- 작용 : 견갑골을 회전시키고 전방을 당긴다. 늑골을 올린다. 팔의 굴곡과 외전, 중부는 견봉을 상승, 하부는 견갑골을 하강

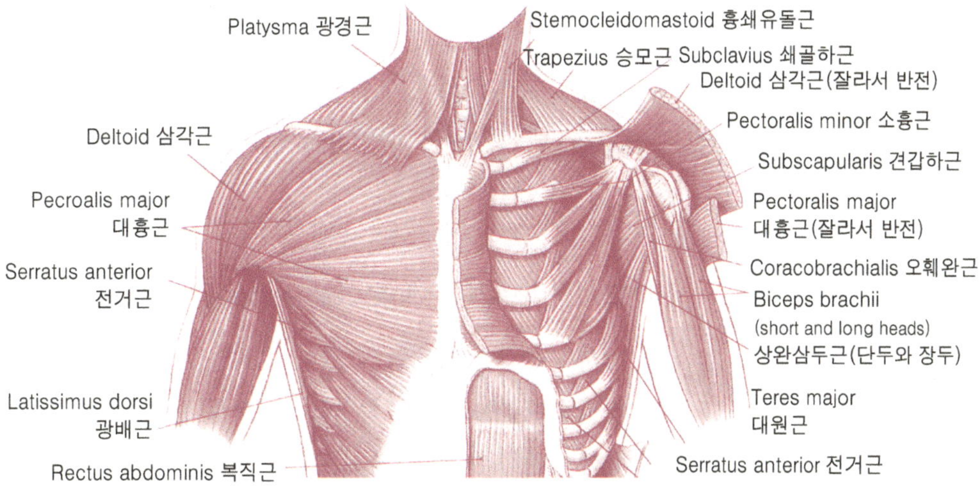

[그림 4-1] 흉부의 근육

(3) 복부의 근육

복부의 근육은 4개의 근육으로 호흡에 관여하고, 체간의 굴곡과 회전에 관여한다. 복강속의 장기를 보호하고 수축과 이완의 탄성력을 유지하여 횡격막의 상·하 운동을 원활하게 하여 장기의 운동을 돕는다.

복직근(배곧은근, Rectus abdominis)

- 기시 : 치골결합, 치골능
- 정지 : 제 5~7늑골, 흉골의 검상돌기
- 작용 : 늑골을 내린다. 골반의 후반 경사를 만든다. 몸을 앞으로 굽힐 때 호흡시 도와주며 배의 압력상승에 관여한다.

외복사근(배바깥빗근, External abdominal oblique)

- 기시 : 전방 제5~8늑골 외측연, 측면 제9~12늑골 외측연
- 정지 : 복부백선, 장골능의 전면
- 작용 : 수축시 복벽이 긴장되며 복강 내용물이 압력을 받아 복압이 상승된다. 척주의 회전과 굴곡에 관여한다.

내복사근(배속빗근, Internal abdominal oblique)

- 기시 : 하전방 서혜인대, 상전방 장골능 1/3
- 정지 : 치골능과 치골선의 중간, 복부 백선
- 작용 : 복강 내 장기를 보호하고 복압을 상승시키며 척주의 회전과 굴곡에 관여한다.

복횡근(배가로근, Transversue abdominis)

- 기시 : 하부 늑골연, 흉요추근막 장골능

– 정지 : 복부 백선, 치골능
– 작용 : 복부에서 가장 안쪽에 위치하고 있고 복부 내장기를 보호, 백선을 안정화 시킨다. 외복사근과 내복사근의 기능을 보조한다.

요방형근(허리네모근, Quadratus lumborum)

– 기시 : 장골능, 요추의 횡돌기
– 정지 : 제12늑골의 전 · 후
– 작용 : 골반 위의 요추를 안정화, 요추의 신전과 측굴에 관여한다.

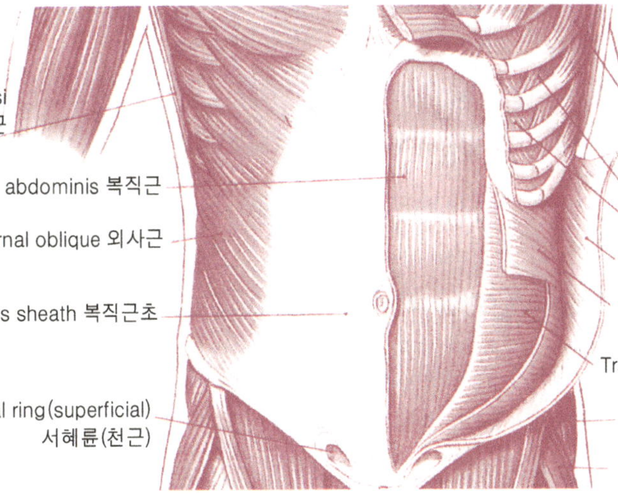

(4) 배부의 근육(등의 근육)

신체의 등 부위에 근육들로 척주와 상지를 연결하여 준다.

승모근(등세모근, Trapezius)

승모근 상부

- 기시 : 후두상항선, 경추1~5 극돌기
- 정지 : 쇄골의 외측 1/3
- 작용 : 견갑골을 올리는 작용, 팔의 무게를 지지하고 이동, 두 · 경부의 신전

승모근 중부

- 기시 : 경추5~ 흉추3 극돌기
- 정지 : 견봉과 견갑골극 상연
- 작용 : 견갑골의 내전 및 어깨의 외전과 굴곡

승모근 하부

- 기시 : 흉추4~12 극돌기
- 정지 : 견갑골극 내측단
- 작용 : 견갑골을 내리는 작용, 어깨의 외전

광배근(넓은등근, Latissimus dorsi)

- 기시 : 하부흉추와 요추극돌기, 장골능
- 정지 : 상완골의 소결절
- 작용 : 어깨의 신전과 내전, 상완의 내전 및 내측 회전, 수축 시 척추의 신전

소능형근(적은마름근, Rhomboideus minor)

- 기시 : 항인대, 경추7과 흉추1 극돌기
- 정지 : 견갑골 내측연 상부
- 작용 : 견갑골을 안의 뒤쪽으로 당기고 상완의 내전과 신전에 관여한다.

대능형근(큰마름근, Rhomboideus major)

- 기시 : 흉추2~5 극돌기
- 정지 : 견갑내측연 하부
- 작용 : 견갑골을 안의 뒤쪽으로 당겨 견갑골이 척주 쪽으로 모이게 하고 상완의 내전과 신전에 관여한다.

견갑거근(어깨올림근, Levator scapula)

- 기시 : 경추1~4 횡돌기
- 정지 : 견갑골 상각
- 작용 : 견갑골을 안의 위쪽으로 끌어올려 어깨를 움츠리게 한다.

판상근(널판근, Splenius)

두판상근

- 기시 : 유양돌기와 그 옆 후두골의 작은 부분
- 정지 : 경추3~ 흉추3 극돌기
- 작용 : 머리와 목을 신전시킨다.

경판상근

- 기시 : 경추1~3 횡돌기
- 정지 : 흉추3~6 극돌기
- 작용 : 목을 신전하고 경추를 회전, 측굴한다.

척주기립근(척추세움근, Erector spinae)

장늑근(엉덩갈비근), 최장근(가장긴근), 극근(가시근)

- 기시 : 장골능, 요추, 천추
- 정지 : 늑골부터 후두부
- 작용 : 척주를 지지, 신전, 아래쪽으로 당긴다. 한쪽만 수축하면 척주가 옆으로 굽는다.

(5) 견갑부의 근육(어깨의 근육)

견갑골과 쇄골 주변에 있으며 견관절의 운동에 관여한다.

견갑거근(어깨올림근, Levator scapula)

- 기시 : 경추1~4 횡돌기
- 정지 : 견갑골의 상각
- 작용 : 견갑골의 상승 및 외측각을 아래로 회전시킨다.

견갑하근(어깨밑근, Subscapularis)

- 기시 : 견갑골의 견갑하와
- 정지 : 상완골의 소결절
- 작용 : 어깨의 내전과 내회전, 상완골두의 전방 탈구를 억제한다.

극상근(가시위근, Supraspinatus)

- 기시 : 견갑골의 극상와
- 정지 : 상완골의 대결절
- 작용 : 상완을 외전 시킬 때 삼각근을 보조한다.

극하근(가시아래근, Infraspinatus)

– 기시 : 견갑골의 극상와

– 정지 : 상완골의 대결절

– 작용 : 상완의 신전 및 외회전을 돕는다.

대원근(큰원근, Teres major)

– 기시 : 견갑골 외측연 하부 1/3고 견갑골하각

– 정지 : 상완골의 이두근구 내측연

– 작용 : 상완의 내측 회전 및 내전, 신전에 관여한다.

소원근(작은원근, Teres minor)

– 기시 : 견갑골 외측연 상부 2/3

– 정지 : 상완골의 대결절

– 작용 : 상완의 내전 및 외회전을 돕는다.

삼각근(어깨세모근, Deltoid)

– 기시 : 쇄골의 외측 1/3, 견봉의 외측 경계, 견갑골극의 하부연

– 정지 : 삼각근 조면(상완 골체 중심)

– 작용 : 상완의 외전, 굴곡, 신전 및 내 · 외측 회전에 관여 한다.

쇄골하근(빗장밑근, Subclavius)

– 기시 : 제1늑골과 늑골연

– 정지 : 쇄골의 하연

– 작용 : 쇄골을 고정하거나 전하방으로 당긴다.

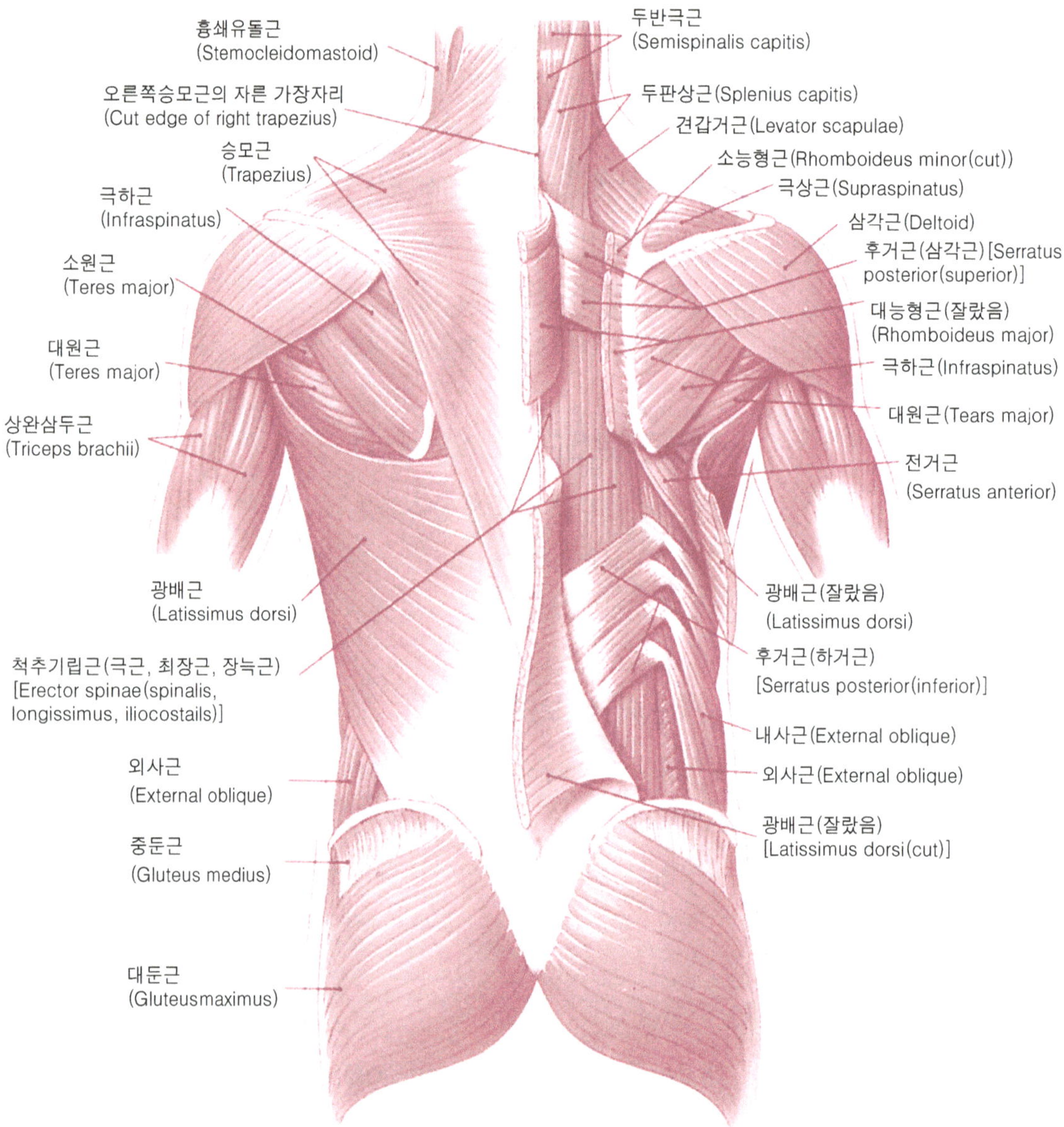
흉쇄유돌근
(Stemocleidomastoid)
오른쪽승모근의 자른 가장자리
(Cut edge of right trapezius)
승모근
(Trapezius)
극하근
(Infraspinatus)
소원근
(Teres major)
대원근
(Teres major)
상완삼두근
(Triceps brachii)
광배근
(Latissimus dorsi)
척추기립근(극근, 최장근, 장늑근)
[Erector spinae(spinalis,
longissimus, iliocostails)]
외사근
(External oblique)
중둔근
(Gluteus medius)
대둔근
(Gluteusmaximus)
두반극근
(Semispinalis capitis)
두판상근(Splenius capitis)
견갑거근(Levator scapulae)
소능형근(Rhomboideus minor(cut))
극상근(Supraspinatus)
삼각근(Deltoid)
후거근(삼각근)[Serratus
posterior(superior)]
대능형근(잘랐음)
(Rhomboideus major)
극하근(Infraspinatus)
대원근(Tears major)
전거근
(Serratus anterior)
광배근(잘랐음)
(Latissimus dorsi)
후거근(하거근)
[Serratus posterior(inferior)]
내사근(External oblique)
외사근(External oblique)
광배근(잘랐음)
[Latissimus dorsi(cut)]

[그림 5-1] 등의 근육

(6) 상완의 근육(위 팔의 근육)

상완근(위팔근, Brachialis)

-기시 : 상완골 전면 하부 2/3

-정지 : 척골의 관상돌기

-작용 : 전완을 굴곡시킨다.

상완삼두근(위팔세갈래근, Triceps brachii[three heads])

– 기시 : 장두-견갑골의 관절하 결절, 외측두-상완골체 후면, 내측두-상완골체 후면

– 정지 : 척골의 주두

– 작용 : 전완을 신전시킨다.

상완이두근(위팔두갈래근, Biceps brachii[too heads])

– 기시 : 장두-견갑골의 관절상 결절, 단두-견갑골의 오훼돌기

– 정지 : 요골조면

– 작용 : 전완의 굴곡 및 회외에 관여한다.

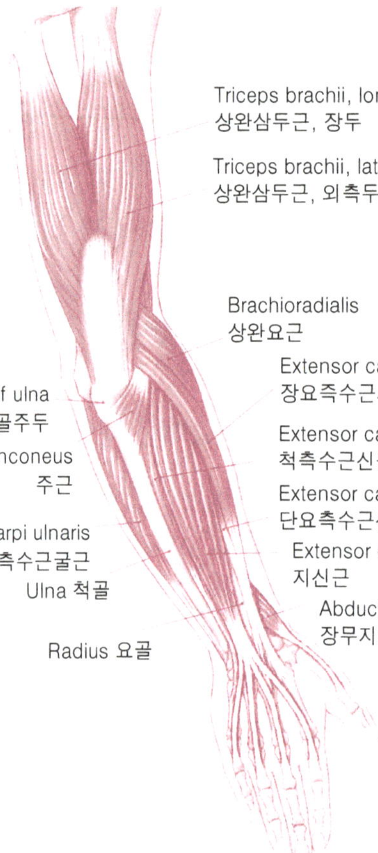
Triceps brachii, long head
상완삼두근, 장두
Triceps brachii, lateral head
상완삼두근, 외측두
Brachioradialis
상완요근
Extensor carpi radialis longus
장요측수근시근
Olecranon of ulna
척골주두
Extensor carpi ulnaris
척측수근신근
Anconeus
주근
Extensor carpi radialis brevis
단요측수근신근
Flexor carpi ulnaris
척측수근굴근
Extensor digitorum
지신근
Ulna 척골
Abductor pollicis longus
장무지외전근
Radius 요골

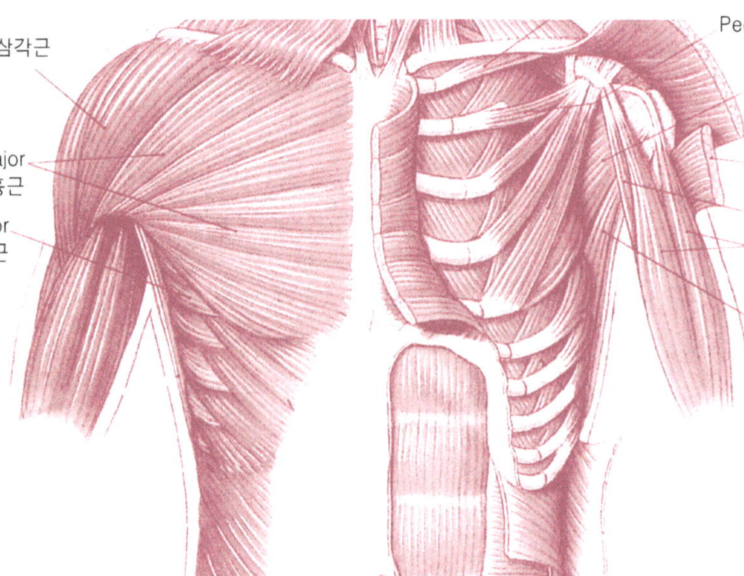
Deltoid 삼각근
Pectoralis minor 소흉근
Subscapularis 견갑하근
Pecroalis major
대흉근
Pectoralis major
대흉근(잘라서 반전)
Serratus anterior
전거근
Coracobrachialis 오훼완근
Biceps brachii
(short and long heads)
상완삼두근(단두와 장두)
Teres major
대원근
Latissimus dorsi
광배근

[그림 6-1] 상완의 근육

(7) 전완의 근육(아래팔의 근육)

회외근(손뒤침근, Supinator)

- 기시 : 위팔뼈(상완골)의 가쪽위관절융기(외측상과)와 자뼈(척골)의 회외근 능선
- 정지 : 노뼈(요골)의 바깥쪽 면에 부착한다.
- 작용 : 아래팔을 바깥쪽으로 돌리는 운동에 관여한다.

원회내근(원엎침근, Pronator teres)

- 기시 : 위팔뼈의 가쪽 위관절융기와 자뼈의 구상돌기에서
- 정지 : 노뼈의 중앙부에 추착한다.
- 작용 : 아래팔을 바깥쪽으로 돌리는 작용과 굴곡을 보조한다.

방형회내근(네모엎친근, Pronator quadratus)

- 기시 : 자뼈의 말단부에서
- 정지 : 노뼈의 전면에 부착한다.
- 작용 : 아래팔과 손을 안쪽으로 돌리는 작용에 관여한다.

요측수근굴근(노쪽손목굽힘근, Flexor carpi radialis)

- 기시 : 위팔뼈의 안쪽 위관절융기(내측상과)에서
- 정지 : 2~3 손허리뼈에 부착한다.
- 작용 : 아래팔을 굴곡시키고 손목 관절의 외전을 돕는다.

척측수근굴근(자쪽손목힘근, Flexor carpi ulnaris)

- 기시 : 위팔뼈의 안쪽 위관절융기와 자뼈의 주두에서
- 정지 : 콩알뼈(두상골), 갈고리뼈(유구골) 5번째 손허리뼈에 부착한다.
- 작용 : 손을 안쪽으로 굽힐 때 관여한다.

천지 굴근
(얕은 손가락 굽힘근, Flexor digitorum superficialis)

- 기시 : 위팔뼈의 안쪽 위관절융기, 척골의 구상돌기, 노뼈의 앞쪽 면에서
- 정지 : 2~5 중간 마디뼈의 바깥쪽에 부착한다.
- 작용 : 2~5번째의 손가락 관절을 굴곡시킨다.

심지 굴근
(깊은 손가락 굽힘근, Flexor digitorum profundus)

- 기시 : 자뼈의 앞면 위 1/3과 골간막에서
- 정지 : 2~5지 끝마디뼈(말절골)에 부착한다.
- 작용 : 2~5지의 손가락 관절의 굴곡에 관여한다.

장무지 굴근(긴엄지급힘근, Flexor pollicis longus)

- 기시 : 노뼈의 앞면의 중간과 골간막에서
- 정지 : 엄지손가락의 끝 마디뼈에 부착한다.
- 작용 : 엄지를 굴곡시킨다.

장요측 수근신근
(긴노쪽 손목폄근, Extensor carpi radialis longus)

- 기시 : 위팔뼈의 가쪽 위관절융기 융선의 하부에서
- 정지 : 2번째 손허리뼈의 위쪽 면에 부착한다.
- 작용 : 손목을 펴고 바깥으로 굽히는 것을 돕는다.

단요측 수근신근
(짧은 노쪽 손목폄근, Extensor carpi radialis brevis)

- 기시 : 위팔뼈 가쪽 위관절융기에서
- 정지 : 3번째 손허리뼈의 위쪽면에 부착한다.
- 작용 : 손목을 펴고 바깥으로 굽히는 것을 돕는다.

총지신근(모든손가락 폄근, Extensor muscle of digits)

－ 기시 : 위팔뼈 가쪽 위관절융기에서
－ 정지 : 2~5번째 손가락뼈의 바깥측의 위쪽에 부착한다.
－ 작용 : 손목과 손가락을 편다.

척측수근신근(자쪽손목폄근, Extensor carpi ulnaris)

－ 기시 : 위팔뼈 가쪽 위관절융기에서
－ 정지 : 5번째 손허리뼈에 부착한다.
－ 작용 : 손목을 펴고, 척측편위를 돕는다.

장무지외전근(긴엄지벌림근, Abductor pollicis longus)

－ 기시 : 노뼈와 자뼈의 후면 골간막에서
－ 정지 : 1번째 손허리뼈에 부착한다.
－ 작용 : 엄지를 바깥으로 굽히고, 회전시키며, 엄지를 펴는 것에 관여한다.

단무지신근(짧은 엄지폄근, Extensor pollicis brevis)

－ 기시 : 노뼈의 배측면 골간막에서
－ 정지 : 엄지 근위부 지절의 기저부에 부착한다.
－ 작용 : 엄지를 펴고 손의 외전에 관여한다.

장무지신근(긴 엄지폄근, Extensor pollicis longus)

－ 기시 : 자뼈의 배측면 골간막에서
－ 정지 : 엄지 말단 지절의 기저부에 부착한다.
－ 작용 : 엄지를 펴는데 관여한다.

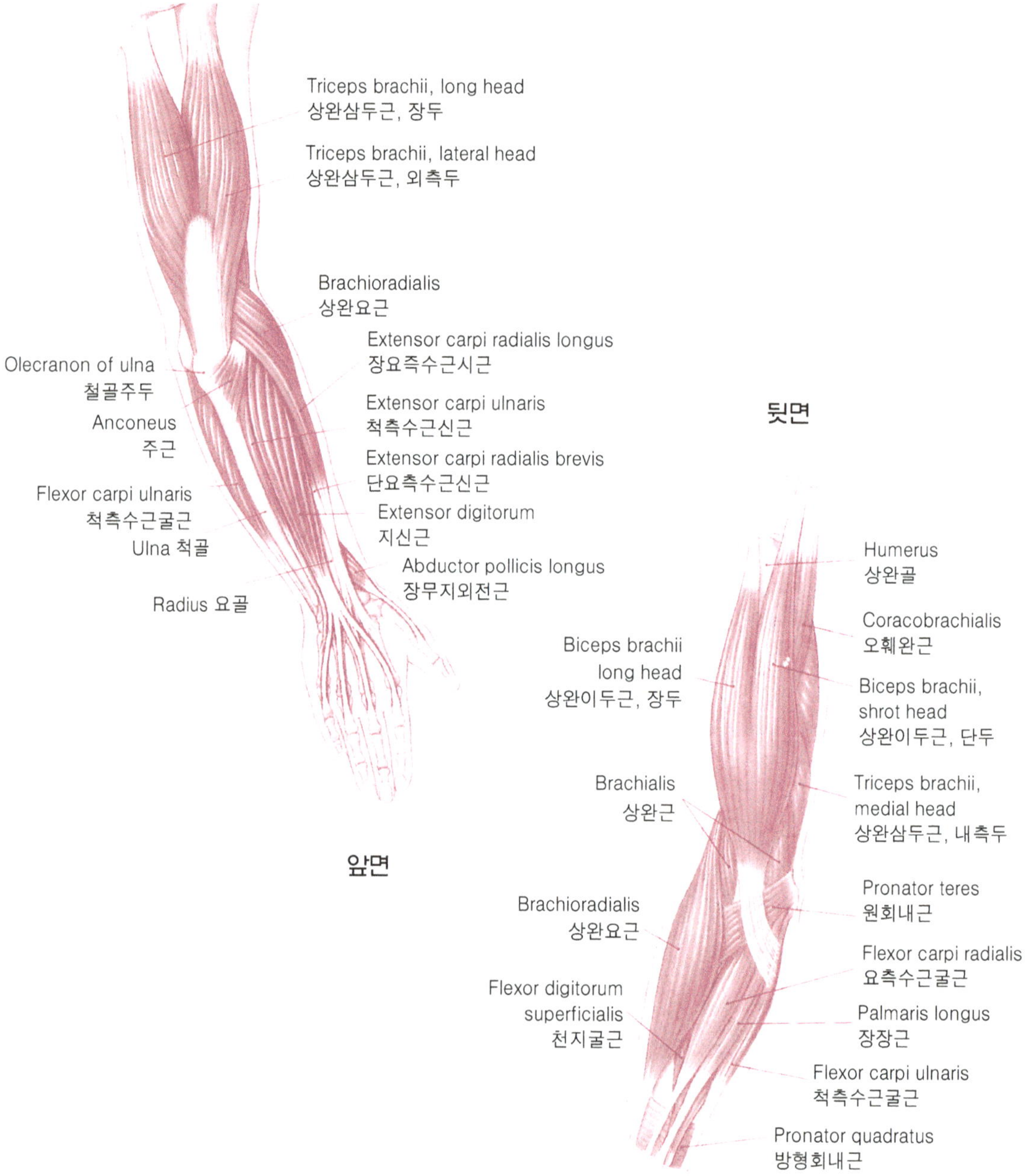
Triceps brachii, long head
상완삼두근, 장두
Triceps brachii, lateral head
상완삼두근, 외측두
Brachioradialis
상완요근
Extensor carpi radialis longus
장요즉수근시근
Olecranon of ulna
철골주두
Extensor carpi ulnaris
척측수근신근
Anconeus
주근
Extensor carpi radialis brevis
단요측수근신근
Flexor carpi ulnaris
척측수근굴근
Extensor digitorum
지신근
Ulna 척골
Abductor pollicis longus
장무지외전근
Radius 요골
앞면
뒷면
Humerus
상완골
Coracobrachialis
오훼완근
Biceps brachii
long head
상완이두근, 장두
Biceps brachii,
shrot head
상완이두근, 단두
Brachialis
상완근
Triceps brachii,
medial head
상완삼두근, 내측두
Pronator teres
원회내근
Brachioradialis
상완요근
Flexor carpi radialis
요측수근굴근
Flexor digitorum
superficialis
천지굴근
Palmaris longus
장장근
Flexor carpi ulnaris
척측수근굴근
Pronator quadratus
방형회내근

[그림 7-1] 전완의 근육

(8) 하지의 근육

① 요골반의 근육

골반은 몸통과 다리를 연결해 주는 뼈로 관골, 천골, 미골로 이루어져 있다. 골반 안의 장기는 방광, 자궁, 난관, 전립선 등이 있으며 이들 장기를 골반과 골반의 근육들이 보호하고 있다.

대요근(장요근, 엉덩허리근, Psoas major)

– 기시 : 제12흉추체와 요추의 횡돌기 및 추간판
– 정지 : 넙다리뼈(대퇴골)의 작은돌기(소전자)
– 작용 : 고관절을 굴곡시킨다.

소요근(작은허리근, Psoas minor)

– 기시 : 제12흉추체와 제1요추체 및 추간판
– 정지 : 장치골궁(장골근막)
– 작용 : 허리뼈(요추)의 굴곡을 보조한다.

장골근(엉덩근, Ilicus)

– 기시 : 장골와 상측, 천골의 날개와 주변 인대
– 정지 : 대요근의 건과 만나 대퇴골 소전자
– 작용 : 고관절을 굴곡시키며 걷거나 달릴 때 다리를 전면으로 향하게 한다.

② 둔부의 근육

대둔근(큰볼기근, Gluteus maximus)

– 기시 : 장골 후면의 후둔근선, 천골과 미골의 후면, 천골결절인대
– 정지 : 대퇴골의 둔근조면, 대퇴근막의 장경인대

– 작용 : 앉은 자세에서 일어설 때와 같이 고관절의 신전 및 외회전을 돕는다.

중둔근(중간볼기근, Gluteus medius)

– 기시 : 장골의 둔근면상부

– 정지 : 대퇴골의 대전자의 외측면

– 작용 : 대퇴의 외전과 내회전에 관여하며 소둔근과 더불어 보행 시 골반을 안정화시킨다.

소둔근(작은볼기근, Gluteus minimus)

– 기시 : 장골의 둔근면하부

– 정지 : 대퇴골의 대전자의 전면

– 작용 : 중둔근과 함께 대퇴의 외전과 내회전에 관여한다.

이상근(좌골구멍근, Piriformis)

– 기시 : 천골의 전면

– 정지 : 천결절인대 대전자

– 작용 : 고관절에서 대퇴를 외회전시키며, 대퇴의 외전에 관여한다.

③ 대퇴의 근육

전 면

대퇴사두근(넙다리네갈래근, Quadriceps femoris)
대퇴직근, 외측광근, 내측광근, 중간광근

– 기시 : 전상장골극과 관골구 상연, 대퇴골 조선의 외측, 내측, 대퇴골 상부

– 정지 : 슬개골을 지나 슬개골 인대에 의해 경골조면, 경골내측과

- 작용 : 슬관절을 신전하고, 대퇴직근은 고관절을 굴곡한다.

봉공근(넙다리빗근, Sartorius)

- 기시 : 전상장골극
- 정지 : 경골의 내측상부
- 작용 : 고관절의 굴곡, 외회전 및 슬관절의 내회전에 관여한다.

측 면

대내전근(큰모음근, Adductor magnus)

- 기시 : 치골의 하지
- 정지 : 대퇴골의 조선
- 작용 : 고관절을 내전 및 신전 시키고 내측 회전에 관여한다.

장내전근(긴모음근, Adductor longus)

-기시 : 치골능과 치골결합
-정지 : 대퇴골의 조선
-작용 : 고관절의 내전에 관여한다.

단내전근(짧은모음근, Adductor brevis)

- 기시 : 치골의 외측면
- 정지 : 대퇴골의 조선
- 작용 : 대퇴를 내전시키고 굴곡 및 내측 회전을 돕는다.

치골근(두덩근, Pectineus)

- 기시 : 치골의 상지
- 정지 : 대퇴골의 소전자
- 작용 : 고관절의 내전 및 굴곡을 보조한다.

박근(두덩정강근, Gracilis)

- 기시 : 치골 결합
- 정지 : 경골상단의 내측
- 작용 : 고관절 내전 및 내측 회전을 돕는다.

대퇴근막장근(넙다리근막 긴장근, Tensor fasciae latae)

- 기시 : 장골능선 외측
- 정지 : 장경인대
- 작용 : 대퇴의 굴곡 및 외전에 관여하며 슬관절의 외측 안정성을 돕는다.

후 면

반막양근(반막모양근, Semimembranosus)

- 기시 : 좌골조면
- 정지 : 경골의 내측과
- 작용 : 슬관절의 굴곡과 내측 회전에 관여하며 고관절에서 대퇴를 신전시킨다.

반건양근(반힘줄모양근, Semitendinosus)

- 기시 : 좌골조면
- 정지 : 경골의 내측면
- 작용 : 슬관절의 굴곡과 내측 회전에 관여하며 고관절에서 대퇴를 신전시킨다.

대퇴이두근
(넙다리 두갈래근, Biceps femoris[two heads])

- 기시 : (장두)좌골조면, 천골결절인대. (단두)대퇴골 조선 외측 하부
- 정지 : 비골두, 경골의 외측
- 작용 : 무릎관절에서 다리를 구부린다.

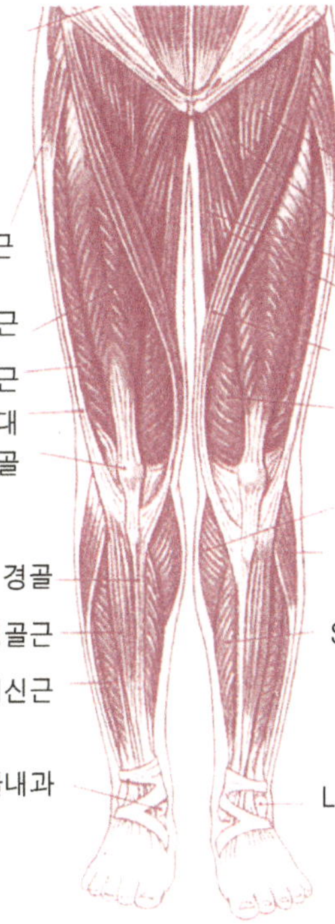
Gluteus medius 중둔근
Iliopsoas 장요근
Tensor fasciae latae 대퇴근막장근
Pectineus 치골근
Gracilis 박근
Adductor longus 장내전근
Rectus femoris 대퇴거근
Sartorius 봉공근
Vastus lateralis 외측광근
Vastus medialis 내측광근
Iliotibial tract 장경인대
Patella 슬개골
Gastrocnemius 비복근
Peroneus longus 장비골근
Tibia 경골
Tibialis anterior 전경골근
Soleus 가자미근
Extensor digitorum longus 장지신근
Medial malleolus of tibia 경골내과
Lateral malleolus of fibula 비골외과

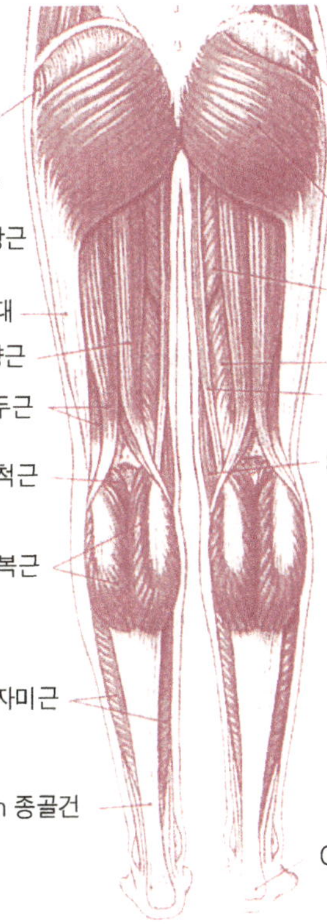
Gluteus medius 중둔근
Tensor Fasciae latae 대퇴근막장근
Gluteus maximu s 대둔근
Adductor magnus 대내전근
Iliotibial tract 장경인대
Semitendinosus 반건양근
Semimembranosus 반막양근
Gracilis 박근
Biceps femoris 대퇴이두근
Sartorius 봉공근
Plantaris 족척근
Gastronemius 비복근
Soleus 가자미근
Calcaneal tendon 종골건
Calcaneus 종골

[그림 8－1] 하지의 근육

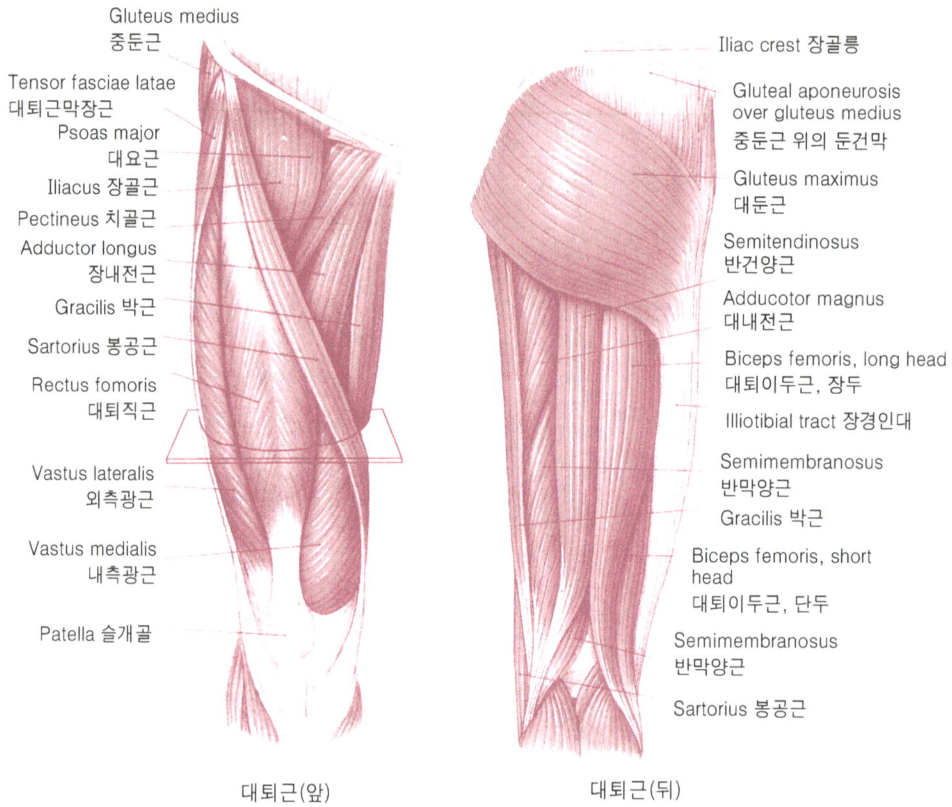

[그림 8-2] 하지의 근육

④ 하퇴의 근(종아리근)

전 면

전경골근(앞정강근, Tibialis anterior)

- 기시 : 정강뼈(경골)의 외측과 골막간에서
- 정지 : 1번 쐐기뼈(내측설상골)과 제1 발허리뼈(중족골) 바닥에 부착한다.
- 작용 : 발을 안쪽(내전)으로 돌리고 발목 관절에서 발을 발등 쪽으로 구부린다.

장무지신근(긴엄지폄근, Extensor hallucis longus)

- 기시 : 종아리뼈(비골)의 앞쪽과 안쪽 면과 골간막에서
- 정지 : 엄지발가락 뼈(족지골)에 부착한다.
- 작용 : 엄지발가락을 편다.

측 면

단비골근(짧은 종아리근, Peroneus brevis)

– 기시 : 비골의 외측면 2/3에서

– 정지 : 5번째 발가락의 바닥에 부착한다.

– 작용 : 발을 가쪽으로 돌리고, 발바닥 쪽으로 굽히는데 관여한다.

장비골근(긴종아리근, Peroneus longus)

– 기시 : 비골의 외측면과 경골의 외측상과에서

– 정지 : 1번 쐐기뼈(내측설상골)의 외측부와 1번 발허리뼈(중족골)의 저부

– 작용 : 발을 가쪽으로 돌리고, 발바닥 쪽으로 굽히는데 관여한다.

장지신근(긴발가락폄근, Extensor digitorum longus)

– 기시 : 정강뼈(경골)의 외측상과, 종아리뼈(비골)의 전면

– 정지 : 2~5번째 발가락뼈의 위쪽 면을 따라 부착한다.

– 작용 : 2~5번째 발가락을 편다.

제3비골근(종아리근, Peroneus tertius)

– 기시 : 비골의 전면에서

– 정지 : 5번째 발허리뼈(중족골) 기저부의 배면에 부착한다.

– 작용 : 발을 발등 쪽으로 굽히는 것을 돕는다.

측 면

슬와근(오금근, Popliteus)

– 기시 : 대퇴골의 외측 상과에서

– 정지 : 경골 후면의 가자미근에 부착한다.

- 작용 : 슬관절을 굴곡시키고 종아리(하퇴)를 안쪽으로 회전시킨다.

비복근(장딴지근, Gastrucnemius)

- 기시 : 넙다리뼈(대퇴골)의 내 · 외측 상과에서
- 정지 : 발꿈치뼈(종골)의 후방 하부 1/2에 부착한다.
- 작용 : 발목을 밑으로 내리는 동작 및 무릎으로부터 다리의 굴곡에 관여한다.

가자미근(Soleus)

- 기시 : 비골두의 후면에서 비골체의 1/3 지점, 경골과 비골 사이의 섬유궁에서
- 정지 : 비복근과 함께 종골의 조면에 부착한다.
- 작용 : 발등을 밑으로 내리는 동작에 관여한다.

족척근(장딴지빗근, Plantauis)

- 기시 : 대퇴골의 외측 상과에서
- 정지 : 아킬레스건 내측과 발의 심부근막에 부착
- 작용 : 발등을 밑으로 내리는 동작에 관여한다.

후경골근(뒤정강근, Tibialis posterior)

- 기시 : 경골과 비골의 후면, 골간막의 후면에서
- 정지 : 설상골, 입방골, 주상골, 제2~4번째 중족골에 부착한다.
- 작용 : 발을 안쪽으로 돌리는데 관여하고 발바닥 쪽으로 굴곡시킨다.

장지굴근(긴발가락 굽힘근, Flexor digitorum longus)

- 기시 : 경골의 후면 1/3 지점에서
- 정지 : 2~5번째 발가락(말절골)의 저측면에 부착한다.
- 작용 : 2~5번째 발가락을 구부린다.

장무지굴근(긴엄지굽힘근, Flexor hallucis longus)

- 기시 : 비골체의 하부 2/3에서
- 정지 : 엄지발가락의 원위 지절골 기저부
- 작용 : 엄지발가락을 굽힌다.

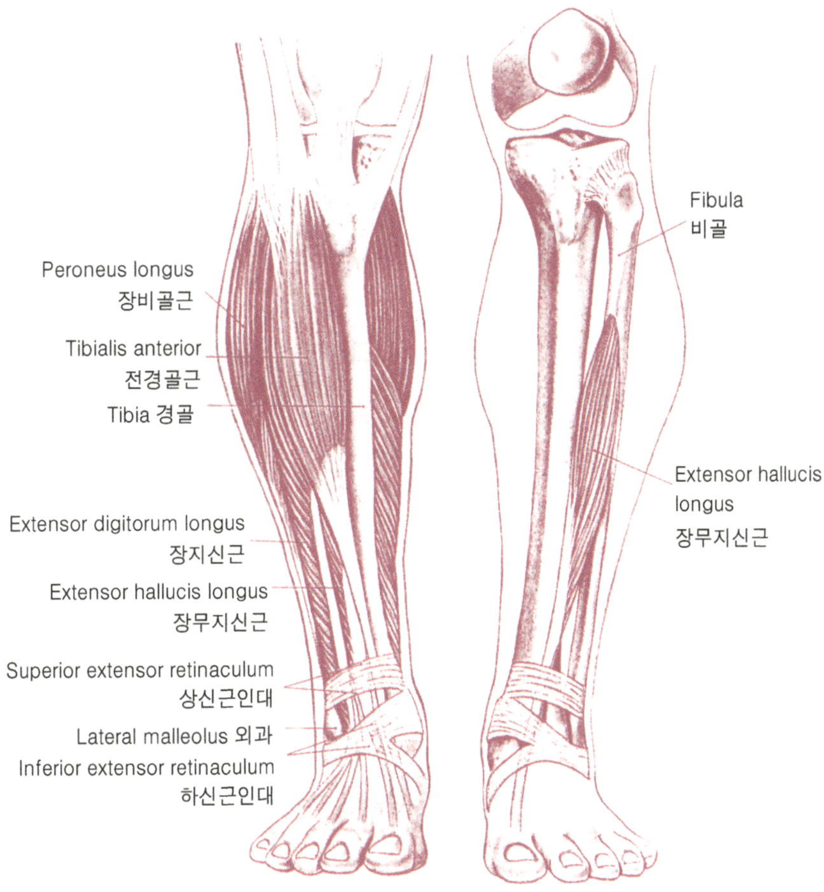

[그림 9-1] 하퇴의 근육

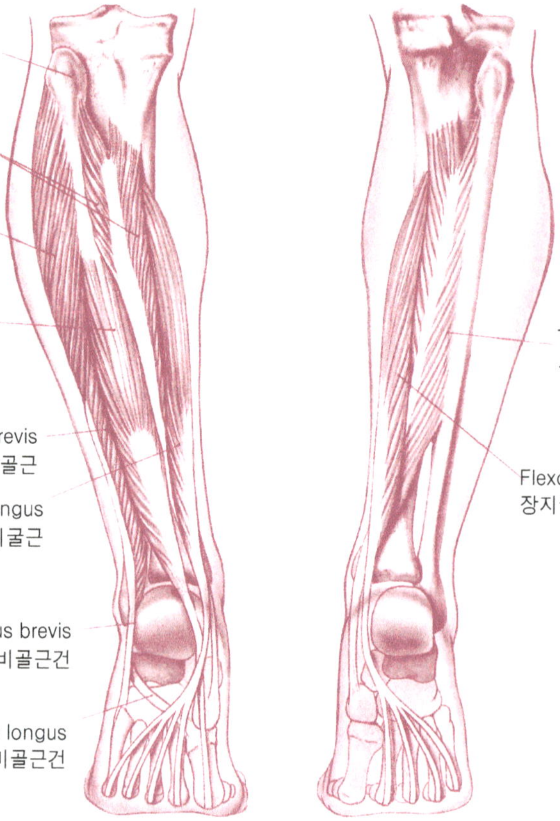
Fibula 비골
Tbialis posterior
후경골근
Peroneus longus
장비골근
Flexor hallucis longus
장무지굴근
Peroneus brevis
단비골근
Flexor digitorum longus
장지굴근
Tendon of peroneus brevis
단비골근건
Tendon of peroneus longus
장비골근건
Tibialis posterlor
후경골근
Flexor digitorum longus
장지굴근

[그림 9-2] 하퇴의 근육

CHAPTER 03 체형 분석

1. 체형의 종류

2. 체형 분석 챠트

CHAPTER 03 체형 분석

1. 체형의 종류

바디 타입 또는 그리스 말에서 유래된 소마 타입은 미국의 신체 인류학자인 Dr. Wiliam H. Sheldon에 의해 인간 체격을 설명하는 방법의 하나로 알려졌다. 그는 인간은 주요 몇 가지의 타입으로 되었을 것이라고 생각한 것이 오늘날까지 가장 잘 알려진 내배엽형(엔도몰프), 중배엽형(메조몰프), 외배엽형(엑토몰프)으로 분류하였는데, 이러한 단어들은 오늘날 형태를 설명하는 용어로 사용되고 있다.

1) 엔도몰프형(Endomorph : 내배엽형, 코끼리형)

이 타입은 둥글고 토실토실하며 전신의 움직임은 느리고 의젓하고 무거운 몸무게를 동반한다. 살이 찌고 목과 사지는 짧고, 엉덩이, 복부, 목, 어깨, 상완에 눈에 띄게 지방이 있고 손과 발은 작아 모습이 코끼리를 연상하게 한다. 이러한 타입은 유전적 요인이든 비유전적이든 간에 식습관으로 날씬하게 할 수 있다.

2) 메소몰프형(Mesomorph : 중배엽형, 호랑이형)

이 타입은 체격이 건장한 근육형으로 강한 뼈를 소유한 형이며 호랑이를 연상하게 한다. 역삼각형 모양이며 근육 톤은 운동을 즐기는 사람처럼 잘 발달되어 있고, 이러한 타입은 활동을 계속하면 체중이 불어나지 않는다.

3) 엑토몰프(Actomorph : 외배엽형, 기린형)

긴뼈, 날씬하고 마르고 키가 크고 허약한 타입으로 기린을 연상시킨다. 길고 가느다란 몸통은 때로 활력과 에너지가 부족해 보이고 힘이 부족하여 저체중의 문제와 곡선미가 부족하다.

2. 체형 분석 차트

전신관리 고객카드 I

고객 신상

성명 : 　　　　결혼유무 : 　　　　자녀수 :

생년월일 : 　　　　전화번호 :

주소 : 　　　　직업 :

건강 상태(병력)

심장질환	☐	금속핀 삽입 유무	☐	혈전증	☐
혈압	☐	당뇨	☐	간질	☐
최근 수술 여부	☐	정맥류	☐	알레르기	☐
피부상태	☐	최근 약물복용 여부	☐	기타	☐

고객 생활습관

식습관 :

운동 :

기타 기호식품 :

사용제품 :

체형관리 받은 경험 :

체형 평가 및 BMI

바디 타입 :

Endomorph(코끼리형) ☐ 　Mesomorph(호랑이형) ☐ 　Ectomorph(기린형) ☐

키 : 　　　　몸무게 : 　　　　BMI :

근육톤 :	좋다	보통이다	나쁘다
대퇴(Thigh)	☐	☐	☐
복부(Abdomen)	☐	☐	☐
힙(Buttocks)	☐	☐	☐

관리목적 :

관리 계획

기기사용 :

Massage :

홈 케어 조언

운동 :

식사 :

살롱 관리 및 제품 :

전신관리 고객카드 Ⅱ

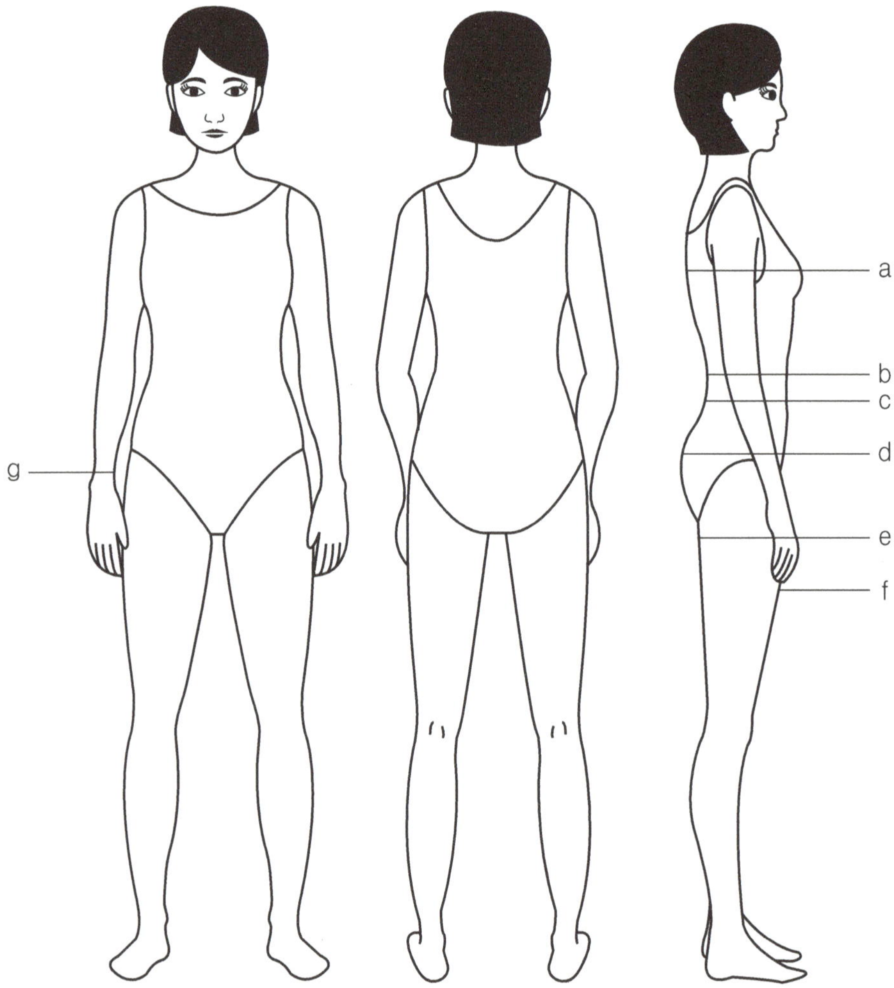

둘레 측정		전신 피부 상태 표시
가슴		지방 ××××××
허리		셀룰라이트 ########
골반		튼살 //////////////
둔부		근육탄력이 약한 부분 SSSSSS
대퇴(오른쪽)		※ 사마귀, 반점, 모세혈관확장, 정맥류 등 문제가 있는 곳에 표시한다.
대퇴(왼쪽)		※ 자세에 문제가 있는 곳에 표시할 것

CHAPTER 04

전신관리를 위한 준비

1. 전신관리를 위한 준비

2. 전신관리 시 유의사항

CHAPTER 04

전신관리를 위한 준비

1. 전신관리를 위한 준비

전신 마사지는 각 부위별로 근육의 특징, 혈액과 림프의 흐름을 잘 이해하고 마사지를 실시해야 한다.

1) 피부관리실의 환경

① 인테리어는 부드럽고 안정된 분위기를 주는 디자인이어야 한다.
② 상담실과 관리실은 분리하여 조용한 분위기에서 시술한다.
③ 관리실은 밝고 따뜻하고 환기가 잘되어야 한다.
④ 시설 자재는 소음을 흡수할 수 있는 것으로 선택하여 소음이 들리지 않게 한다.
⑤ 벽면과 천정, 바닥은 먼지가 없어야 한다.
⑥ 조명은 부드러운 간접 조명으로 안정과 휴식을 취할 수 있게 한다.
⑦ 기기 및 용품은 위생적으로 처리하여 청결하게 한다.

2) 고객의 준비

① 의상은 옷걸이에 걸어 옷장에 보관한다.
② 소지품이나 액세서리, 안경 등을 확인한 후 보관한다.
③ 콘택트렌즈는 제거한 후 보관한다.

3) 관리사의 준비

① 손톱은 짧고 컬러 폴리시의 사용은 삼가며 깨끗한 상태를 유지한다.
② 반지, 팔찌, 시계 등의 액세서리는 착용하지 않는다.
③ 손은 항상 부드럽고 따뜻한 상태를 유지한다.
④ 머리카락은 관리에 지장이 없도록 묶거나 헤어밴드를 착용하여 단정하게 한다.
⑤ 불쾌한 냄새(향수, 구취, 체취)가 나지 않도록 항상 주의한다.
⑥ 관리사 가운에 화장품이나 더러운 오물이 남아 있지 않도록 깨끗한 복장 상태를 유지한다.
⑦ 활동과 동작이 용이한 복장을 한다.
⑧ 올바른 자세를 유지하고 체중을 적절히 이용할 수 있는 신발을 신는다.
⑨ 가벼운 샤워나 온 타월을 사용하여 고객의 몸을 이완시켜 준다.
⑩ 조명과 음악을 이용하여 편안한 환경을 조성하여 고객이 심리적으로 안정할 수 있도록 한다.
⑪ 관리 후 노폐물의 배출을 돕기 위해 관리 전과 후에 따뜻한 물(또는 차)을 마시게 한다.
⑫ 고객과의 충분한 상담을 통해 고객의 건강 상태에 따른 관리를 한다.
⑬ 고객의 과거 병력을 꼭 체크하여 무리가 가지 않는 범위 내에서 관리한다.

4) 기타 용품 및 장비 준비

① 타월은 온장고와 냉장고에 넣어 준비한다.
② 전기미용기기는 전깃줄이 벗겨져 있지 않은지 혹은 줄이 끌리지 않는지, 작동이 되는지를 확인하고 준비한다.

③ 관리에 사용된 전기 미용기기의 액세서리(벤도즈, 전극 석션컵)는 고객에 적용하기 직전에 자외선 소독기에서 꺼내어 사용한다.
④ 그 외의 장비와 용품들은 사용 전에 위생 처리한다.

5) 관리 전 준비

① 고객의 가운과 슬리퍼, 관리용 침대와 담요, 타월 등을 청결한 것으로 준비한다.
② 관리용 화장품과 미용기기를 준비한다.
③ 고객이 편안하게 관리받을 수 있도록 준비한다.
④ 관리 전에 고객에게 관리 과정에 대하여 자세하게 설명한다.
⑤ 고객이 베드에 누우면 담요를 덮어 보온을 해준다.
⑥ 불편한 사항이 없는지 확인한 후에 손을 청결히 하고 관리를 시작한다.

2. 전신관리 시 유의사항

① 관리를 시행하기 전에 컨디션을 조절하고 가능한 한 편안하게 긴장을 이완하고 스트레스에서 벗어날 수 있도록 준비를 한다.
② 피부미용사는 관리 전에 손과 손가락 운동을 하고 손을 따뜻하게 한다.
③ 관리를 하지 않는 부분은 덮어서 보호하도록 한다.
④ 올바른 자세를 유지하고 관리 부위와 위치에 따라 체중을 적절히 이용한다.
⑤ 관리 시 고객의 심신 안정을 위해 불필요한 대화는 삼간다.
⑥ 고객의 피부가 반응하는 정도를 살펴보면서 진행한다.
⑦ 고객에게 관리에 대하여 설명한다.

⑧ 너무 오랜 시간 관리하지 않는다.
⑨ 필요 이상의 강한 압을 주어서는 안 된다.
⑩ 매뉴얼테크닉의 동작을 적절히 이용하여 관리한다.
⑪ 심장에서 먼 곳부터 시작한다.
⑫ 피부나 근육, 골격에 질병이 있는 경우는 관리하지 않는다.
⑬ 피부에 개방된 상처나 염증이 있는 경우는 피한다.
⑭ 너무 피곤하거나 생리 중일 경우는 피한다.
⑮ 식사 후 1시간 정도 경과된 후에 관리한다.

CHAPTER

05 매뉴얼테크닉 (Manual-technique)

1. 팔
2. 다리 후면(발바닥)
3. 다리 후면(하부)
4. 다리 후면(상부)
5. 등
6. 다리 전면(발등)
7. 다리 전면(하부)
8. 다리 전면(상부)

CHAPTER 05

매뉴얼테크닉 (Manual-technique)

1. 팔

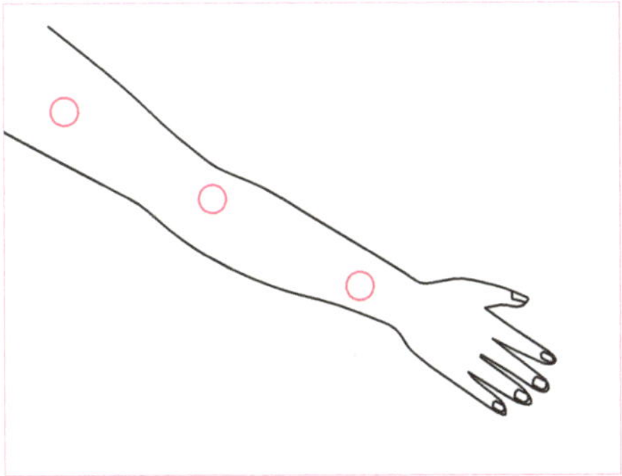

1 오일 도포

3등분 하여 오일을 도포한다.

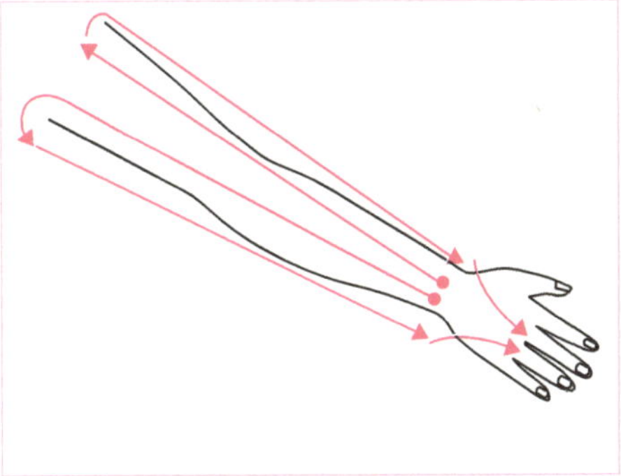

2 쓰다듬기(Effleurage)

손목에서 견봉까지 손바닥 전체를 밀착하여 쓰다듬기 한다.

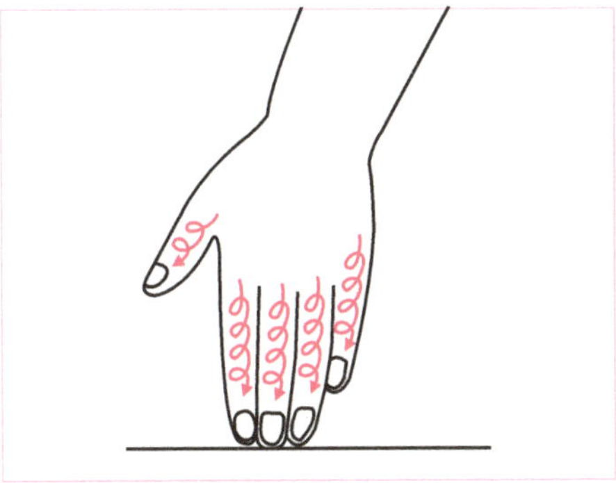

3 손가락 둥글리기(Circling)

엄지와 검지를 사용하여 각각의 손가락 관절을 둥글려 주고, 2·3지 사이로 가볍게 당기듯이 빼준다.

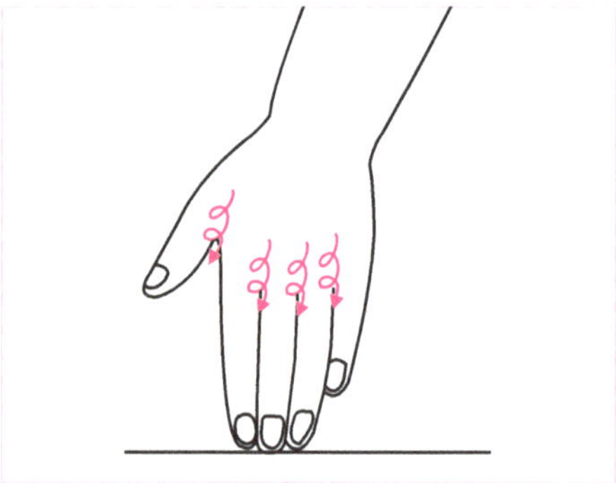

4 손가락 사이 마찰하기(Friction)

엄지를 사용하여 손가락 사이를 용수철 모양으로 마찰한다.

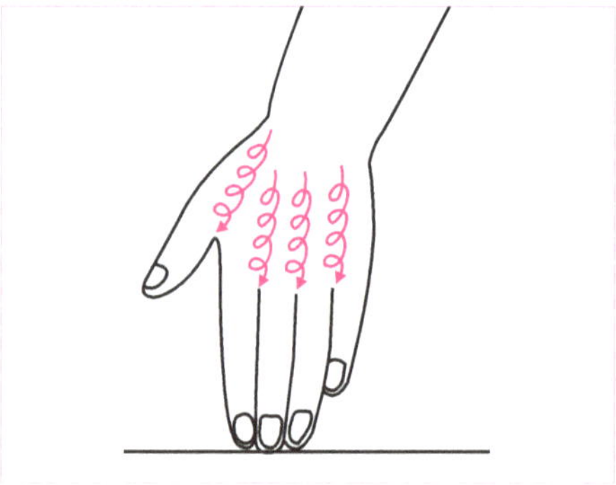

5 손등 둥글려 주기(Circling)

엄지를 사용하여 중수골 사이를 길게 둥글려 주면서 손가락 사이로 빼준다.

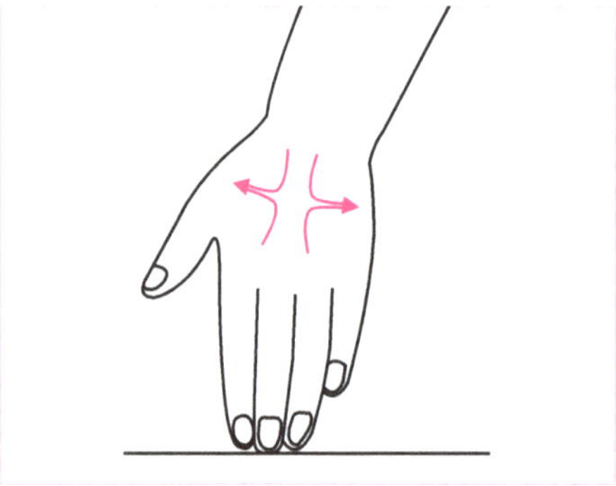

6 손등 펴주기

양손의 엄지는 손등, 2 · 3 · 4 · 5지는 손바닥을 향하게 하여 외측으로 스트레칭 하듯이 펴준다.

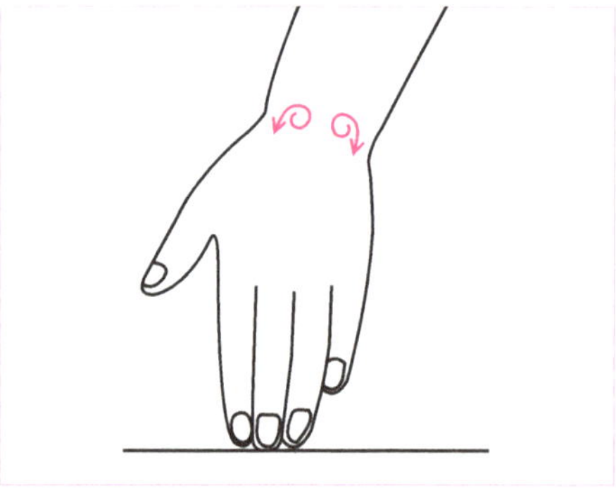

7 손목 쓰다듬기(Effleurage)

양손 엄지를 사용하여 교대로 손목을 쓰다듬기 한다.

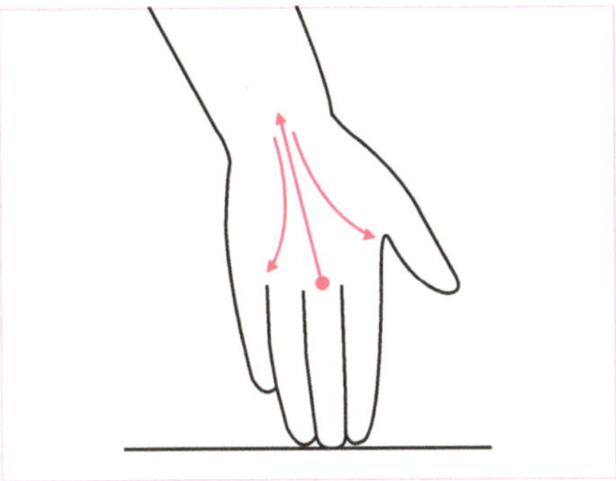

8 손바닥 펴주기

고객의 엄지와 약지를 관리사의 약지를 사용하여 잡고 2·3·4지는 손등을 받쳐주고 엄지로 손바닥을 '人' 자 모양으로 깊게 쓸어준다.

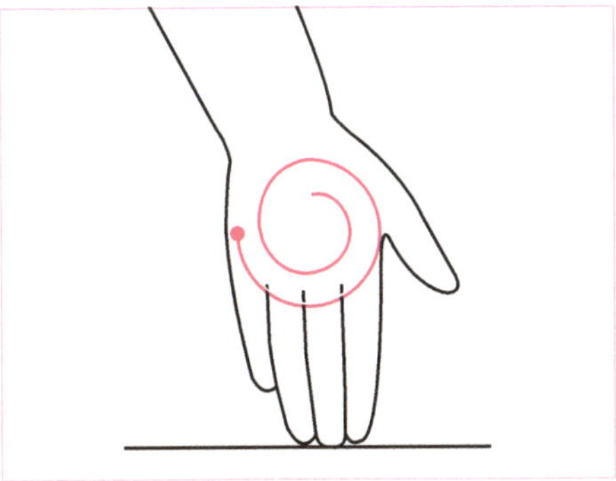

9 손바닥 쓰다듬기(Effleurage)

한 손으로 고객의 손목을 가볍게 잡고 다른 한 손은 고객의 손과 가볍게 깍지를 낀 후 손바닥 전체를 사용하여 고객의 손바닥을 쓰다듬기 한다.

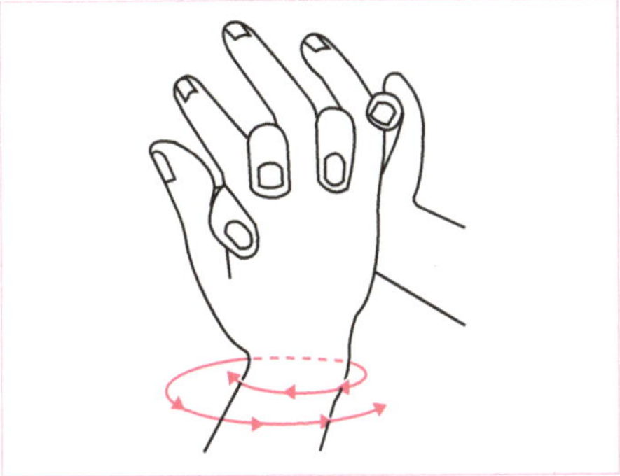

10 손목 풀기(Rounding)

한 손으로 고객의 손목을 잡고 다른 한 손은 고객의 손과 가볍게 깍지를 낀 상태에서 손목을 시계방향과 반시계방향으로 돌려주며 풀어준다.

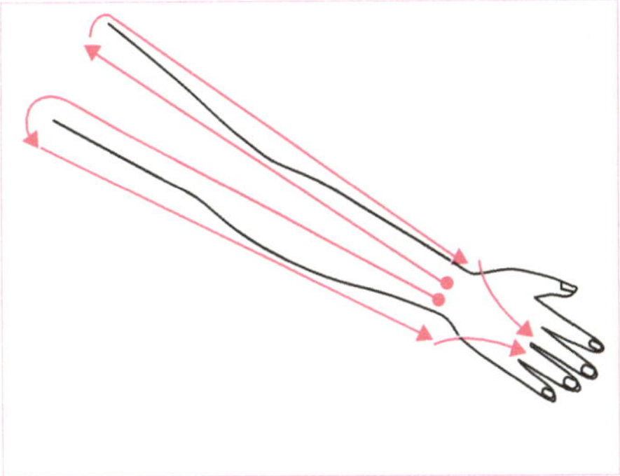

11 쓰다듬기(Effleurage)

손목에서 견봉까지 손바닥 전체를 밀착하여 쓰다듬기 한다.

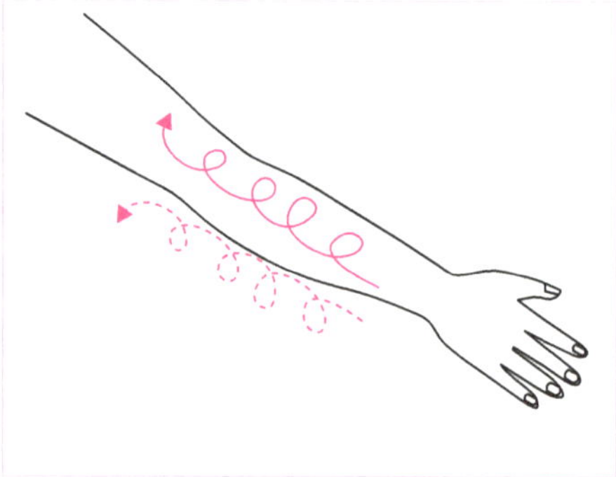

⑫ 하완 쓰다듬기(Effleurage)

하완의 요골과 척골을 중심으로 가로로 4등분하여 손목에서 주관절까지 둥글리듯이 쓰다듬기 한다.

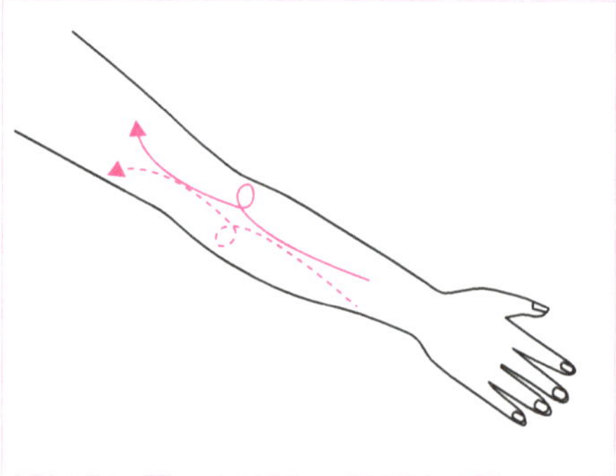

⑬ 하완 길게 쓰다듬기(Effleurage)

하완의 요골과 척골을 중심으로 세로로 2등분하여 손목에서 주관절까지 길게 쓰다듬기 한다.

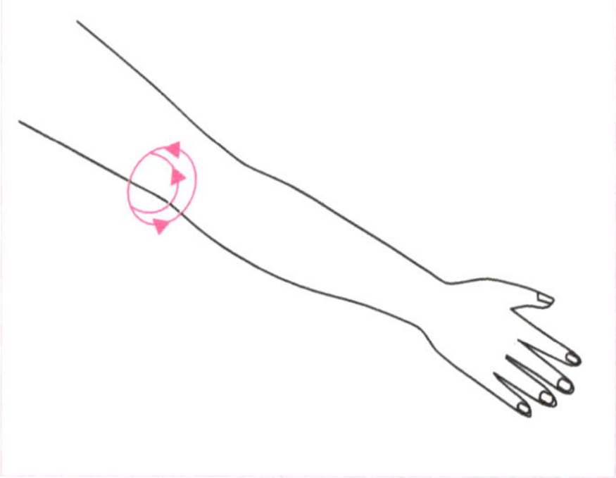

⑭ 주관절 쓰다듬기(Effleurage)

손바닥 중앙 부위로 주관절을 감싸고 3번 둥글려 준다.

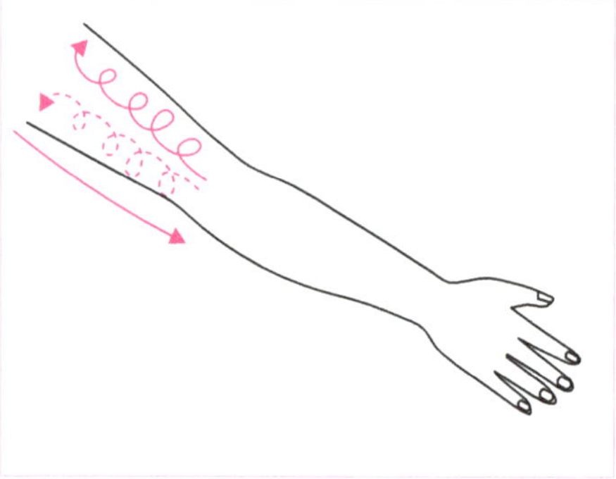

⑮ 상완 쓰다듬기(Effleurage)

상완의 내측과 외측을 4등분으로 나누어 주관절에서 견봉까지 둥글리듯이 쓰다듬기 한다.

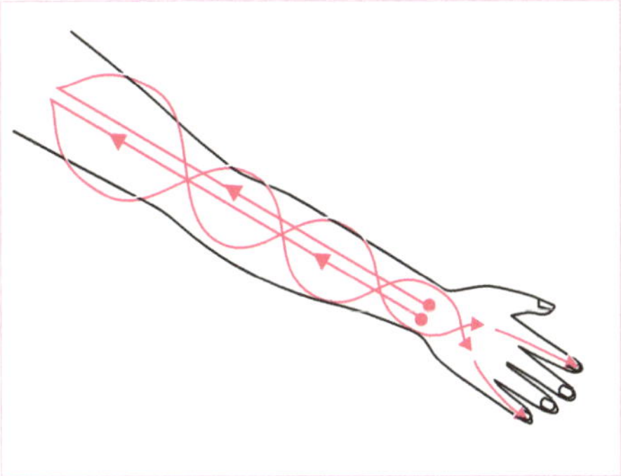

16 스퀴징(Squeezing)

손목에서 견봉까지 쓰다듬기한 후 견봉에서 손목까지 내려오면서 비틀어주듯이 마찰하기 한 후 손끝에서 마무리한다.

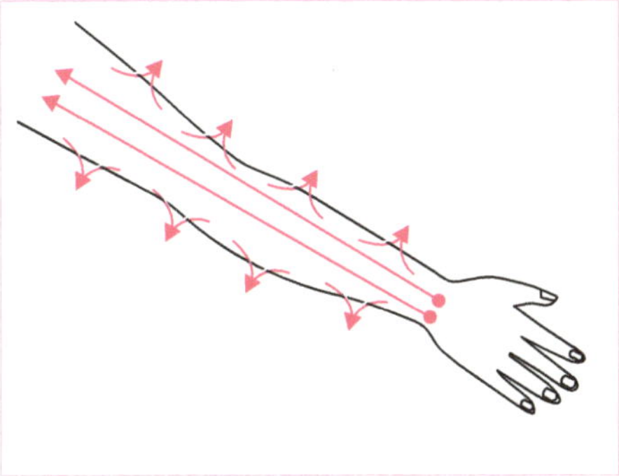

17 집어주기(Petrissage)

손목에서 견봉까지 쓰다듬기 한 후 견봉에서 손목까지 내려오면서 외측으로 집어주기 한다.

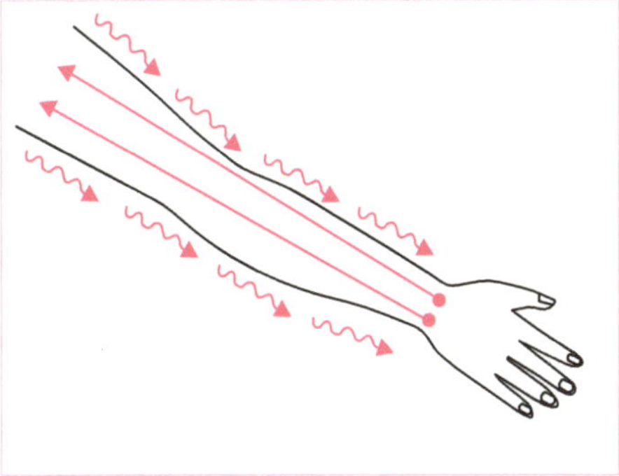

18 바이브레이션(Vibration)

손목에서 견봉까지 쓰다듬기 한 후 견봉에서 손목까지 내려오면서 손바닥으로 바이브레이션 한다.

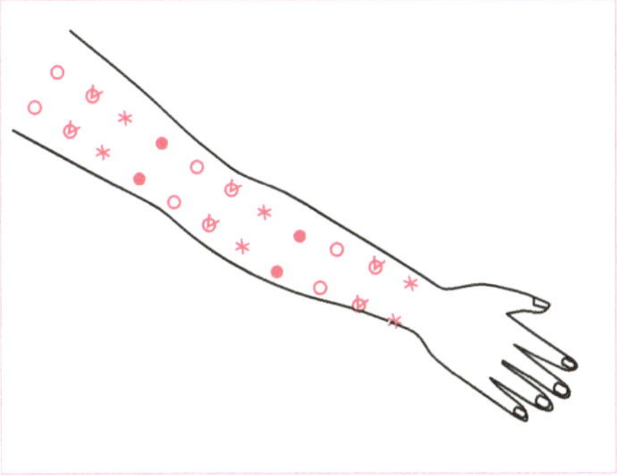

19 두드리기(Tapping)

컵핑(cupping), 비팅(beating), 슬래핑(slapping), 해킹(hacking), 레인드롭, 프러킹, 프리킹 등의 동작으로 손목에서 견봉까지, 다시 견봉에서 손목까지 두드리기 한다. 마무리 시 천천히 속도를 줄이면서 마무리한다.

⑳ 액와 쓰다듬기(Effleurage)

상완을 어깨와 평행하게 한 후 내측을 3등분으로 나누어 쓰다듬기 한다. 주관절에서 액와는 지골 등으로 올라가고, 액와에서 주관절은 손바닥으로 내려오면서 쓰다듬기 한다.

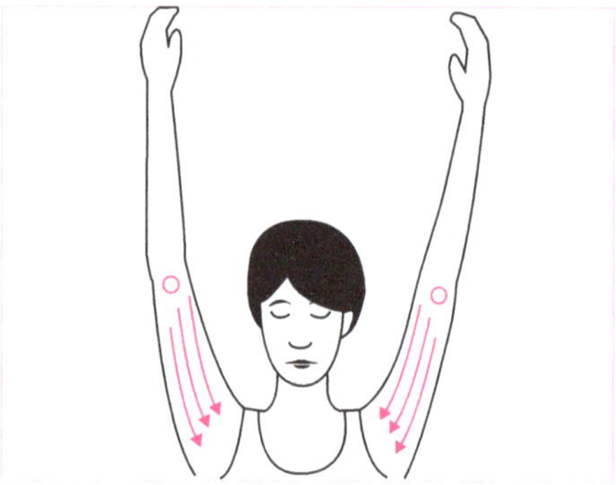

㉑ 스트레칭

한 손은 주관절을 잡고 다른 한 손은 주관절에서 액와를 향해 쓰다듬기 한다.

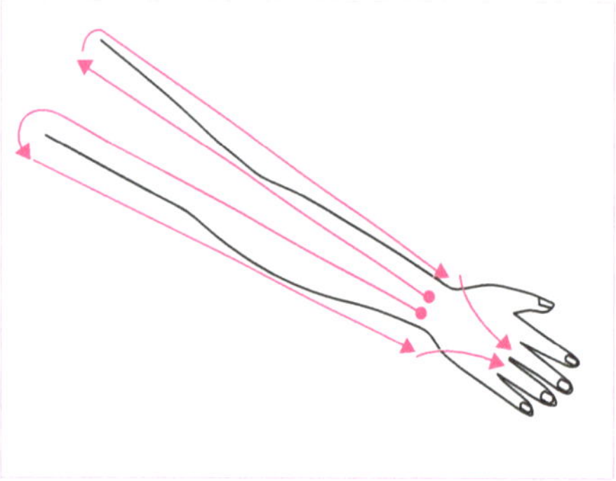

㉒ 쓰다듬기(effleurage)

손목에서 견봉까지 길게 쓰다듬기 한다.

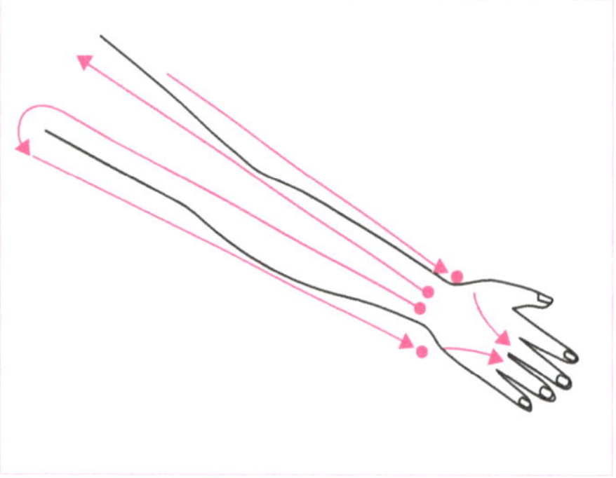

㉓ 마무리

손목에서 견봉까지 길게 쓰다듬기 한 후 손목과 손바닥을 잡은 상태에서 가볍게 스트레칭 한 후 손 끝을 향해 쓰다듬기 한다.

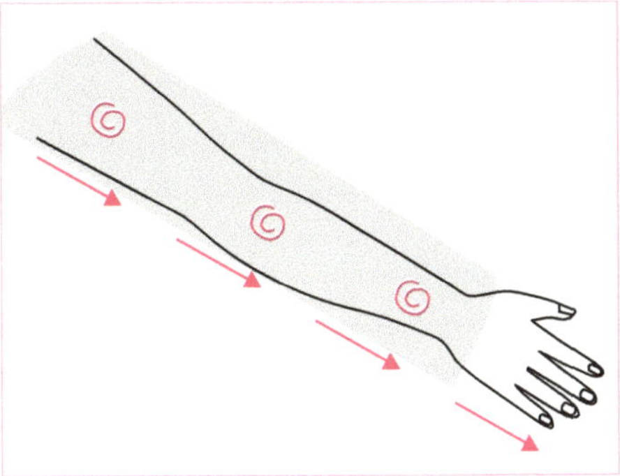

㉔ 온습포

손목, 주관절, 견봉을 압한 후 3등분으로 나누어 닦아준다.
토너로 마무리한다.

팔 매뉴얼테크닉 응용 동작

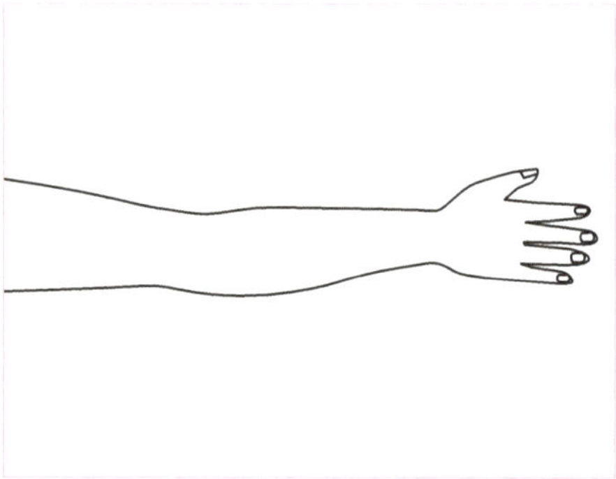

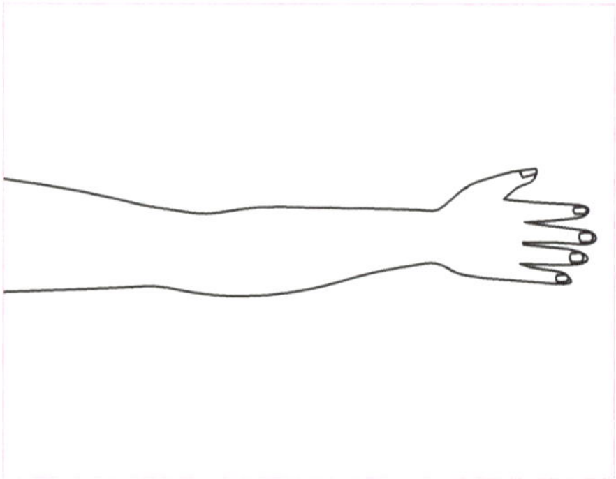

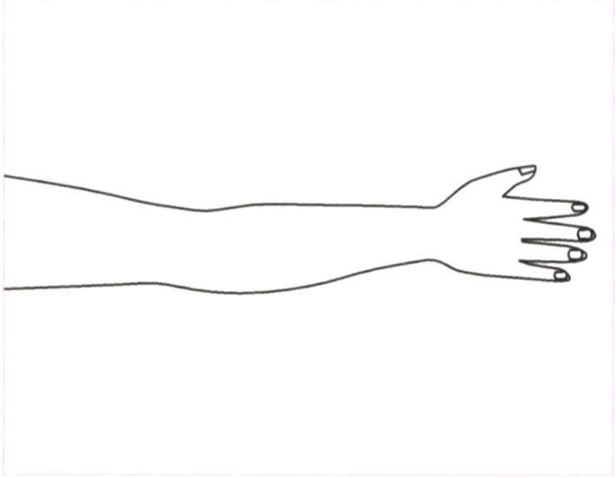

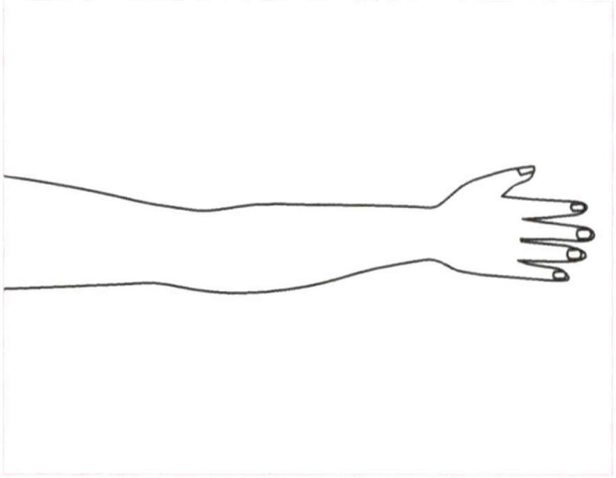

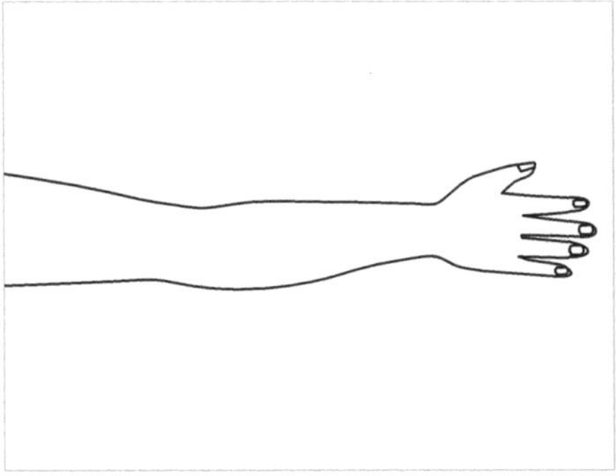

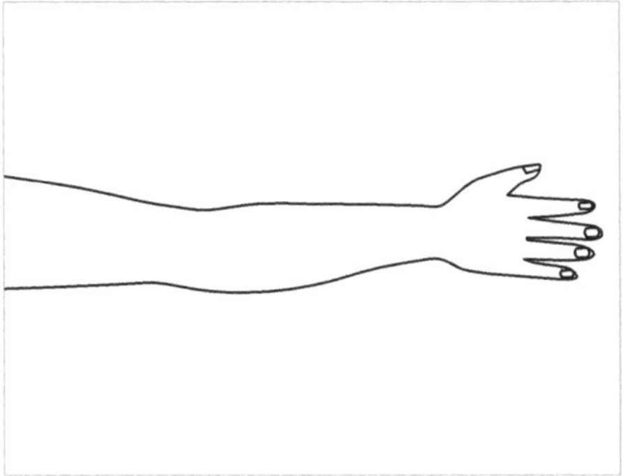

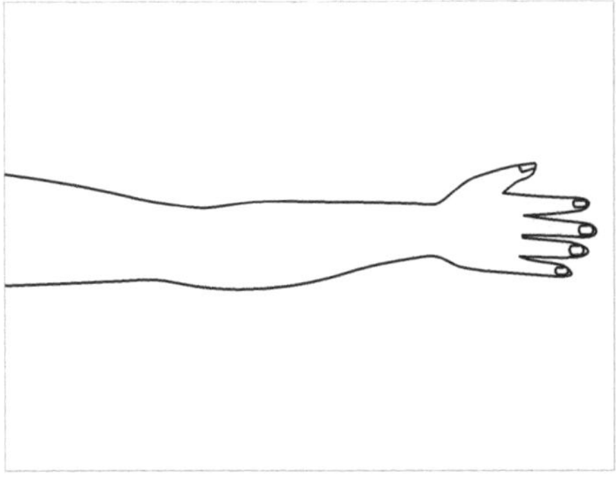

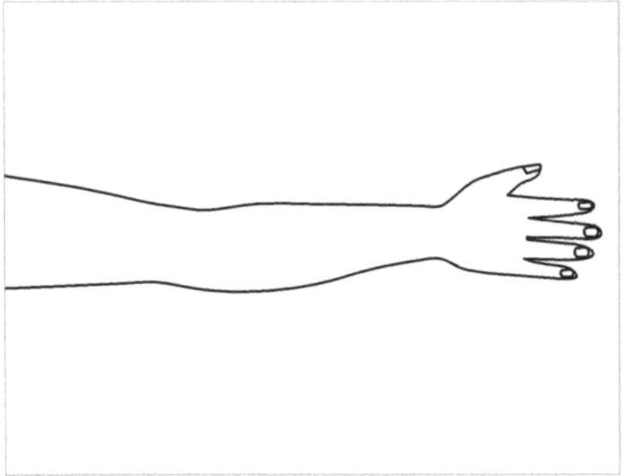

2. 다리 후면(발바닥)

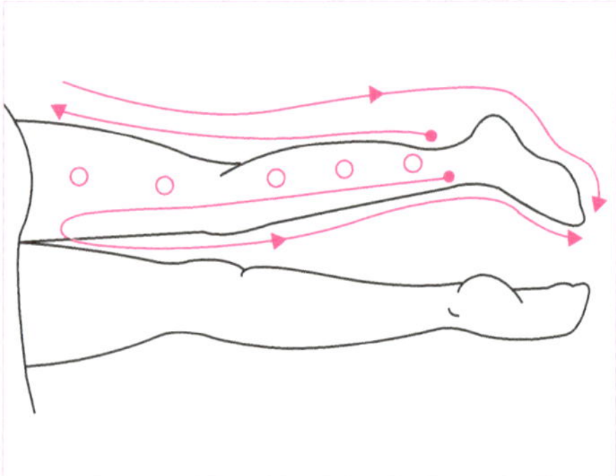

1 오일 도포

5등분하여 오일을 도포한다.

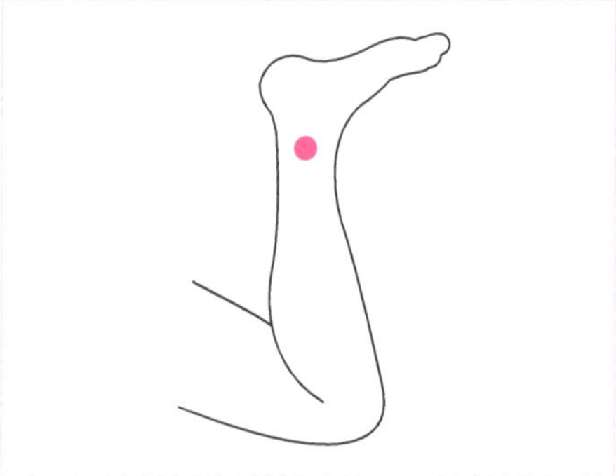

2 다리 90도 들기

다리를 90도로 들고 발목을 가볍게 잡는다.

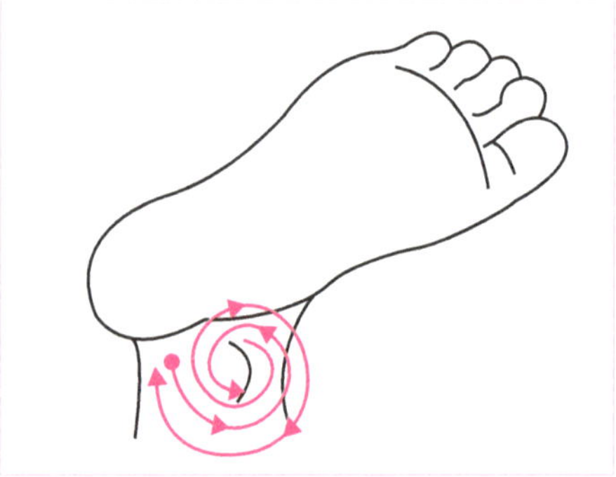

3 아킬레스건 마찰(Friction)

아킬레스건에서 종골을 감싸듯이 쓰다듬기 한 후 경골 · 중골을 서클링하면서 다시 아킬레스건을 쓰다듬기 한다.

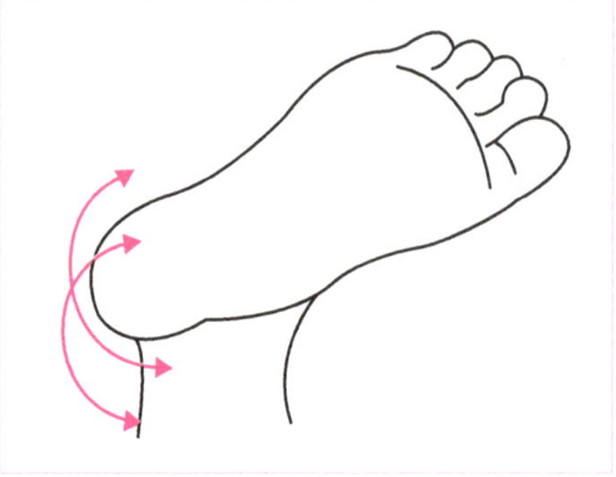

4 발꿈치 마찰(Friction)

한 손은 발등을 잡고, 다른 한 손의 호구 부분으로 종골을 쓰다듬기 한다.

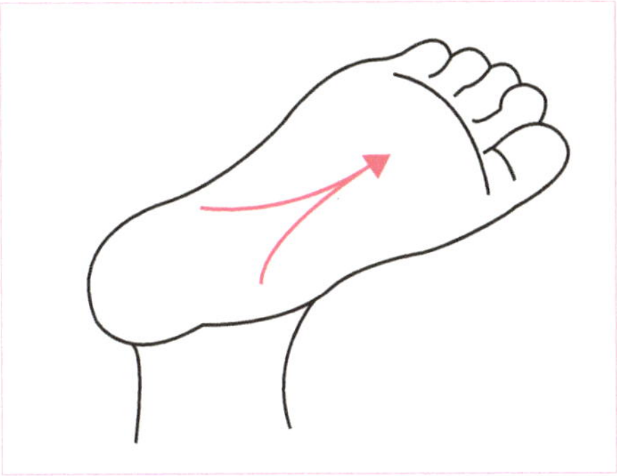

5 플랜타건(Effleurage)

지과 면으로 발바닥 전체를 쓰다듬기 한다.

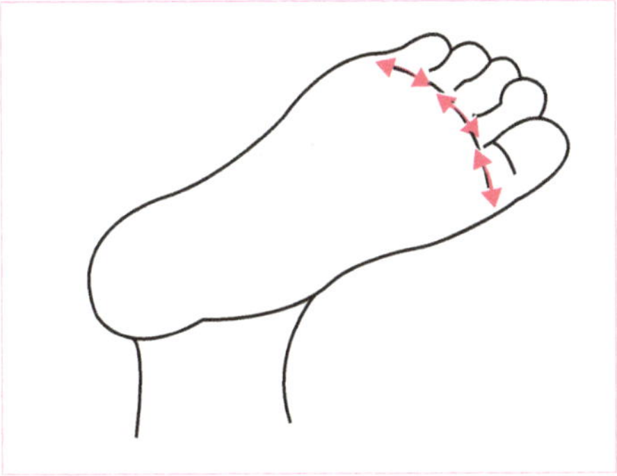

6 기절골 · 중절골 마찰(Friction)

모지복으로 기절골 · 중절골 사이를 마찰하기 한다.

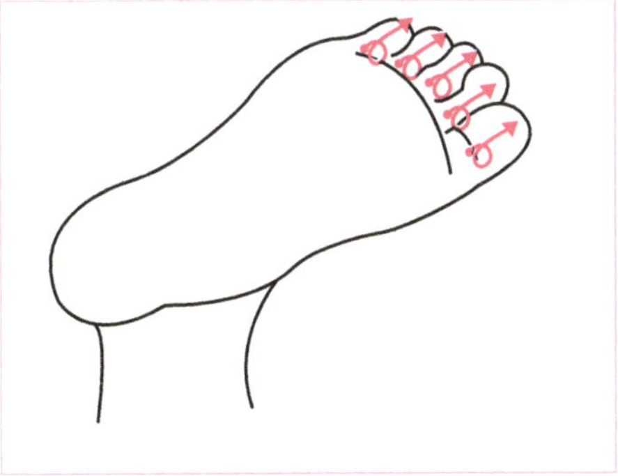

7 족지골 회전

각 발가락의 지골을 돌리면서 끝쪽으로 빼준다.

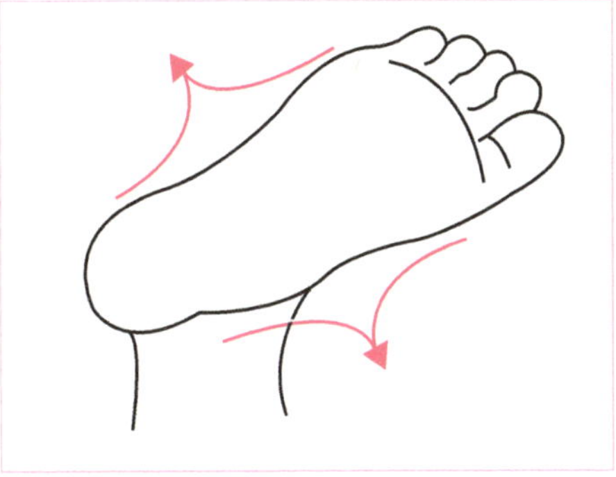

8 돌시(Dorsi flexion), 플랜타(Plantar flexion)

발바닥을 몸 안쪽과 바깥쪽으로 향하게 하는 동작을 반복한다.

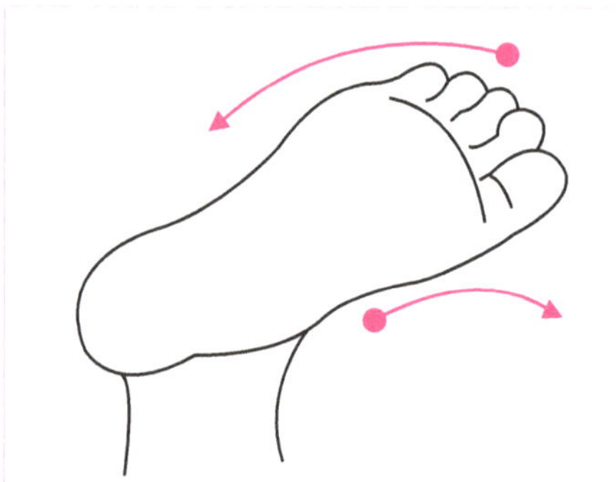

9 인버전(Inversion), 이버전(Eversion)

발등을 위로 올리고 내리는 동작을 반복한다.

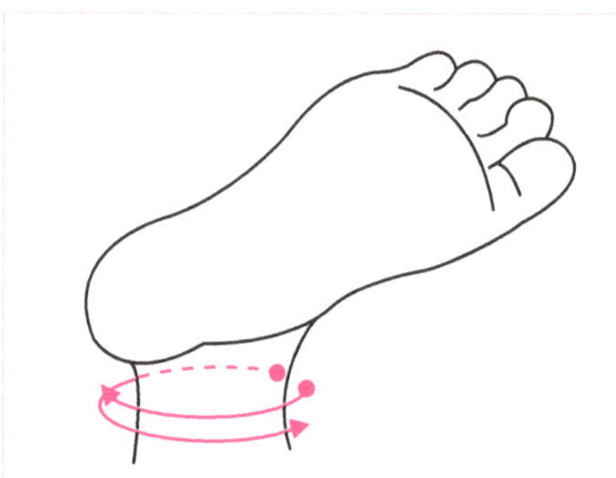

10 발목 회전

발목을 잡고 돌려준다.

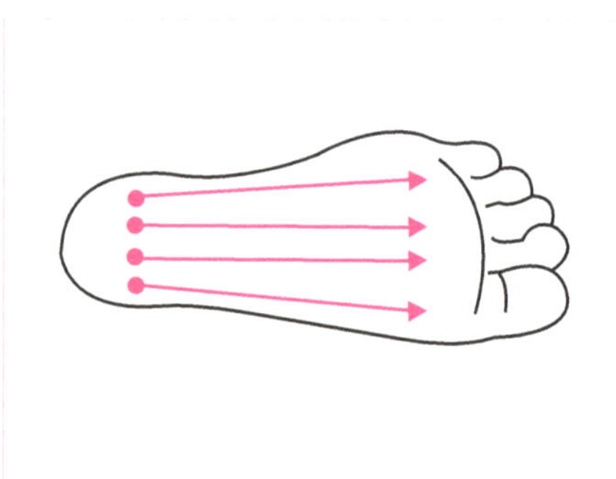

11 발바닥 미끄러짐

하부 다리를 배드 위에 내린 후 모지복으로 종골에서 중족골 끝 방향으로 딥스트로킹 한다.

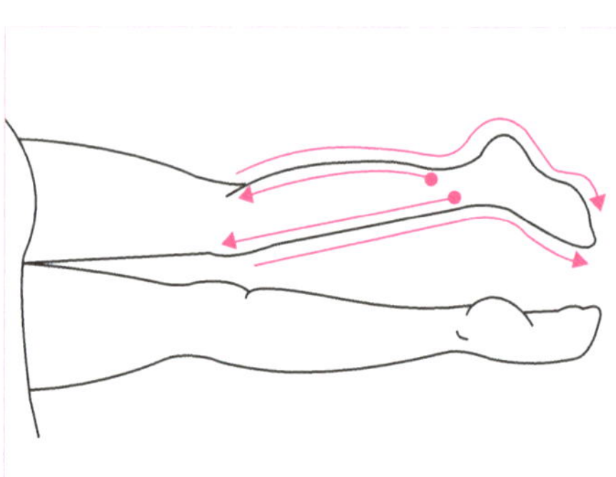

12 쓰다듬기(Effleurage)

발목에서 슬와근까지 쓰다듬기 한다.

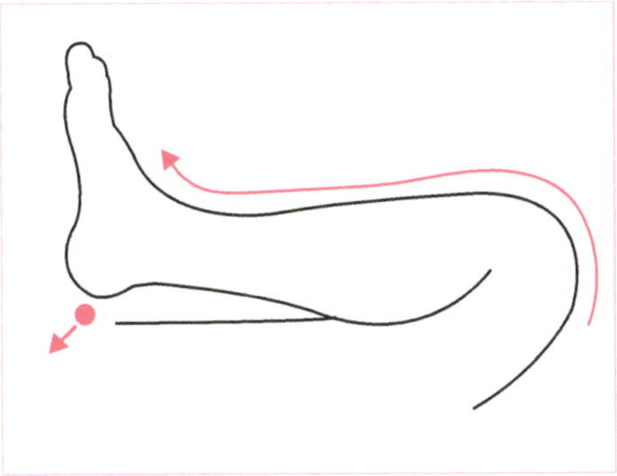

⑬ 무릎 스트레칭

한 손의 하완을 슬와근에 올려놓고 다른 한 손은 발등을 감싼 후 종골을 환도로 향하게 한다.

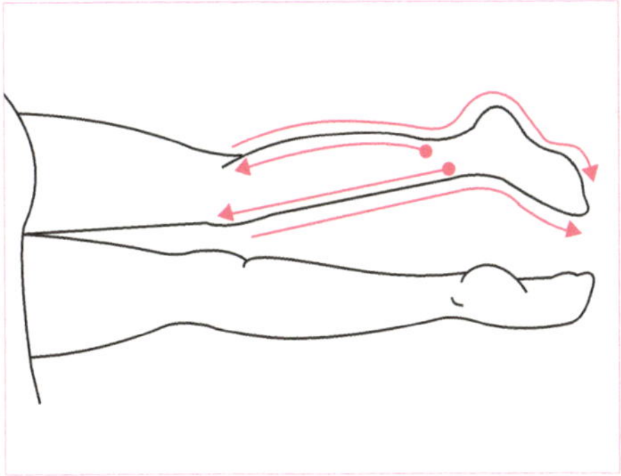

⑭ 쓰다듬기(Effleurage)

발목에서 슬와근까지 쓰다듬기 한다.

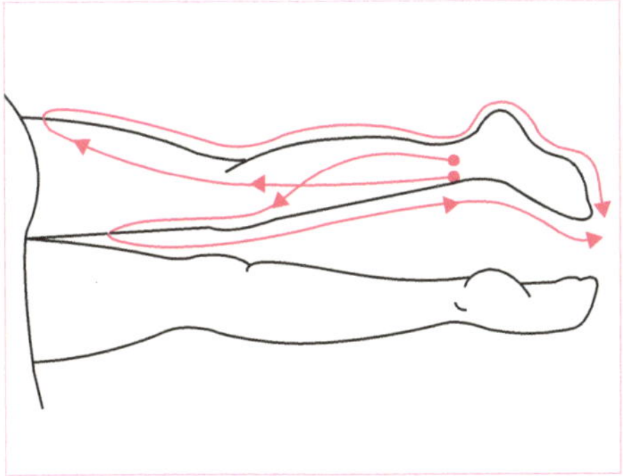

⑮ 다리 전체 쓰다듬기(Effleurage)

발목에서 대퇴이두근 상부까지 쓰다듬기 한다.

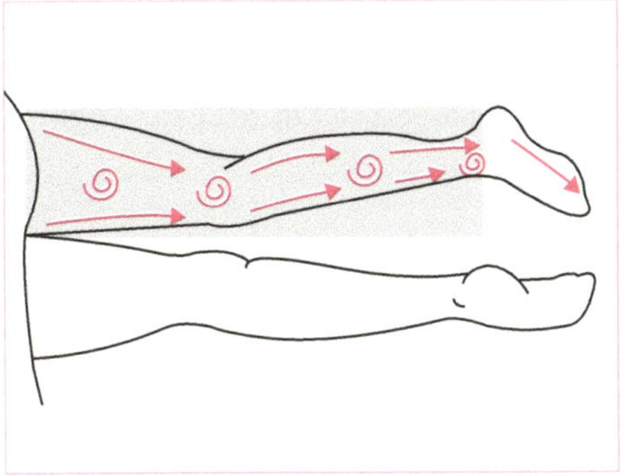

⑯ 마무리

온습포로 하부를 감싼 뒤 대퇴이두근 상부에서 종골까지 닦아준다.

3. 다리 후면(하부)

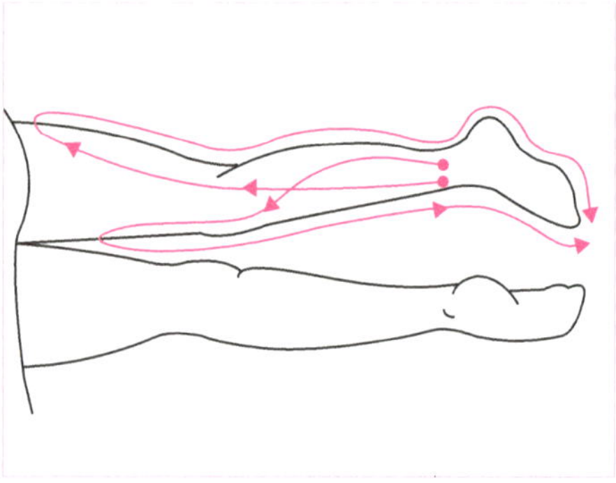

1 다리 전체 쓰다듬기(Effleurage)

발목에서 대퇴이두근 상부까지 쓰다듬기 한다.

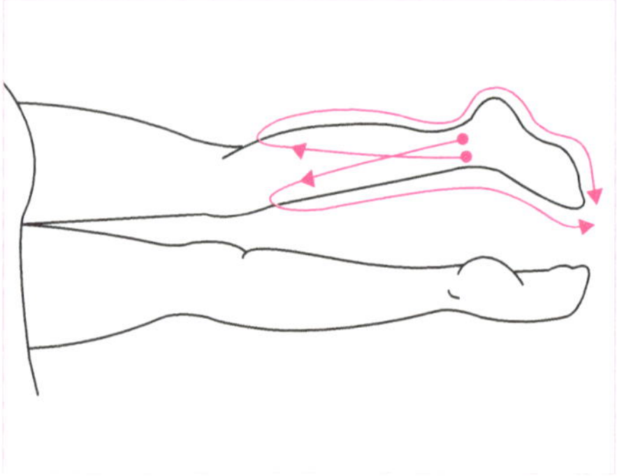

2 쓰다듬기(Effleurage)

발목에서 슬와근까지 쓰다듬기 한다.

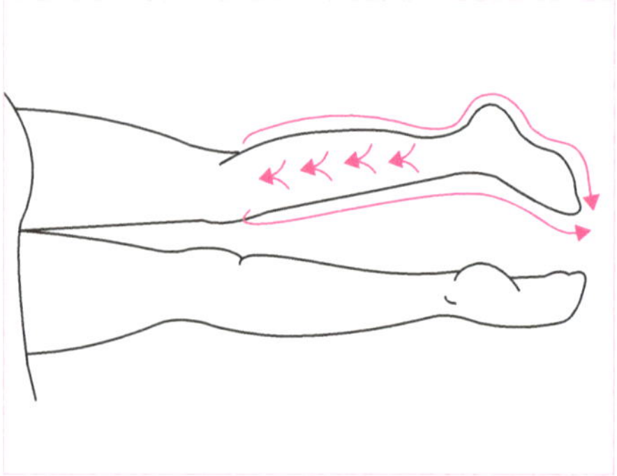

3 비복근 쓰다듬기(Effleurage)

양손을 밀착시켜 비복근 부위를 교대로 쓰다듬기 한다.

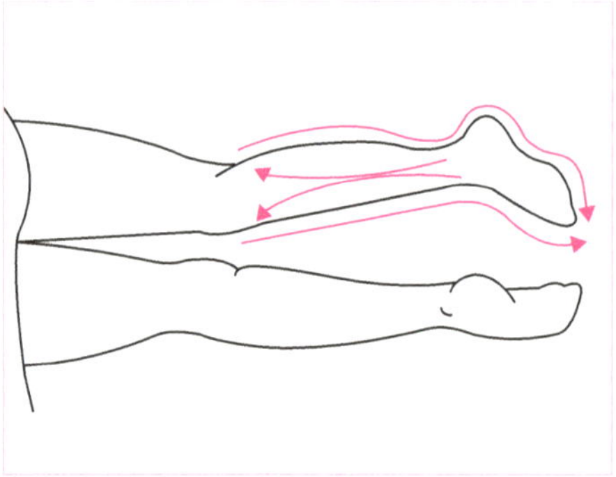

4 비복근 스트로킹(Stroking)

모지복 부분으로 비복근을 깊게 쓰다듬기 한다.

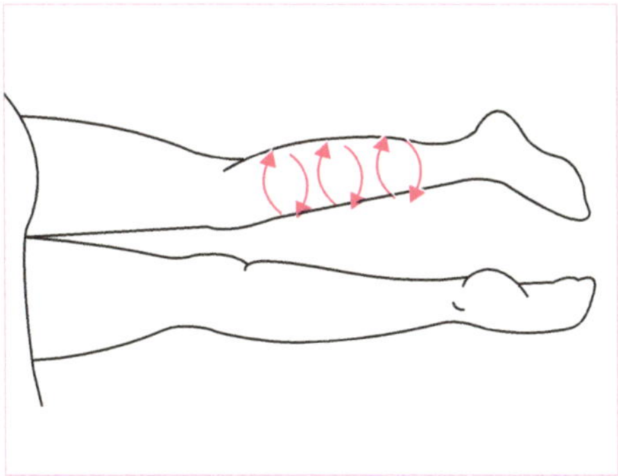

5 비복근 반죽하기(Kneading)

호구 부위를 사용하여 비복근 전체를 반죽하기 한다.

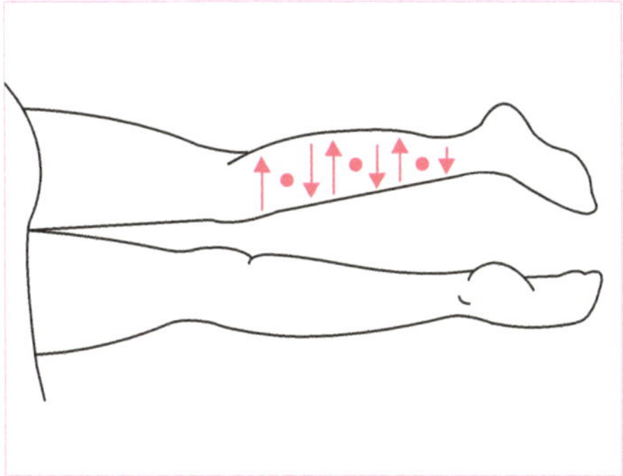

6 밀고 당기고 올리기

한 손은 컵핑(Cupping)으로 상하 방향으로 두드리기 하고, 다른 한 손은 살짝 꼬집듯이 파인스먼트(Pincement) 한다.

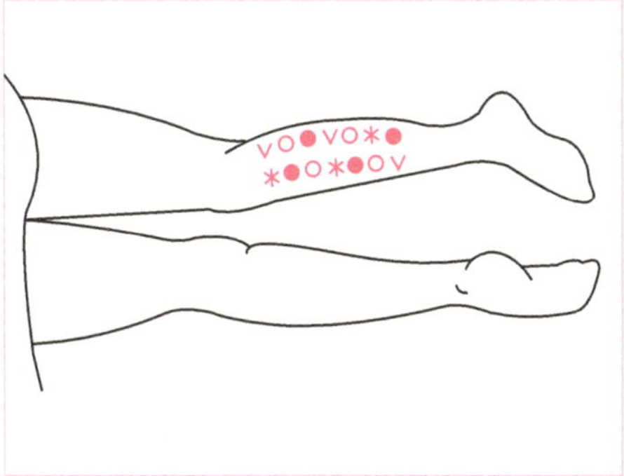

7 두드리기

비팅(Beating), 해킹(Hacking),
컵핑(Cupping), 파인스먼트(Pincement),
태핑(Tapping) 등으로 두드리기 한다.

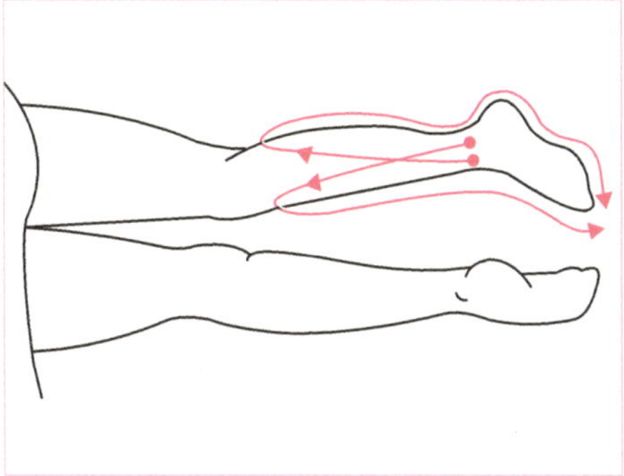

8 쓰다듬기(Effleurage)

발목에서 슬와근까지 쓰다듬기 한다.

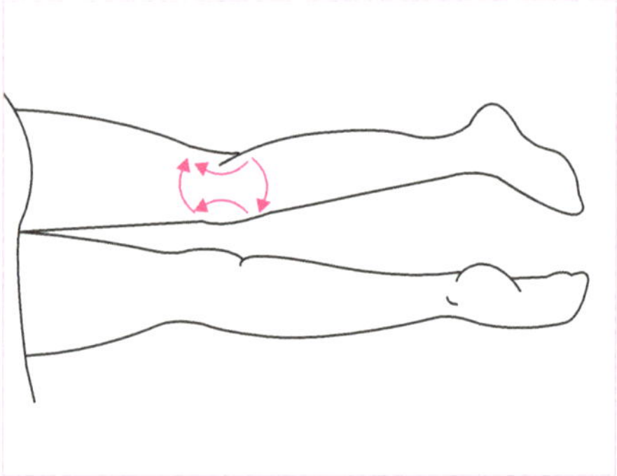

9 슬와근 쓰다듬기(Effleurage)

모지복을 사용하여 교대로 쓰다듬기 한다.

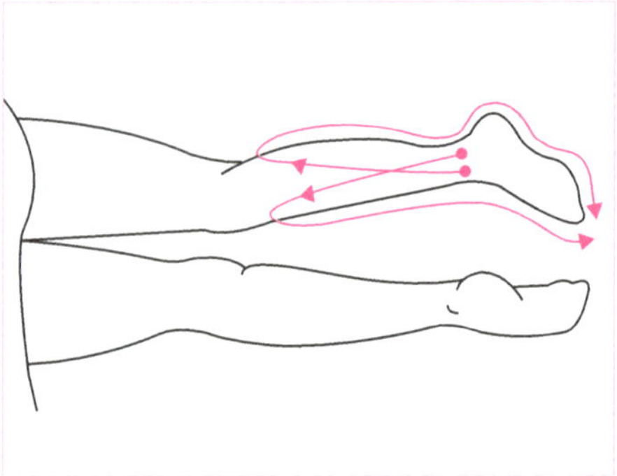

10 쓰다듬기(Effleurage)

발목에서 슬와근까지 쓰다듬기 한다.

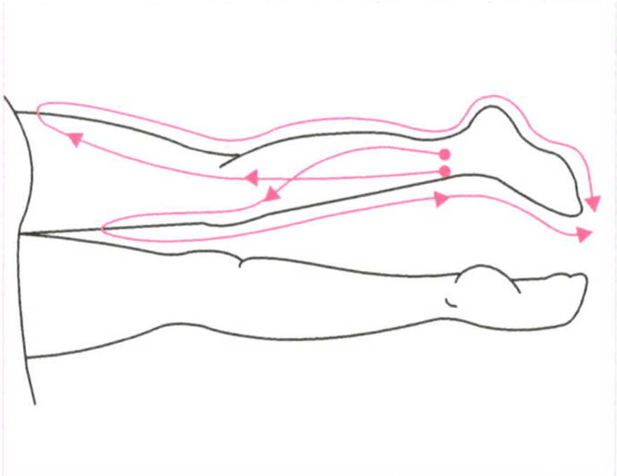

11 다리 전체 쓰다듬기(Effleurage)

발목에서 대퇴이두근 상부까지 쓰다듬기 한다.

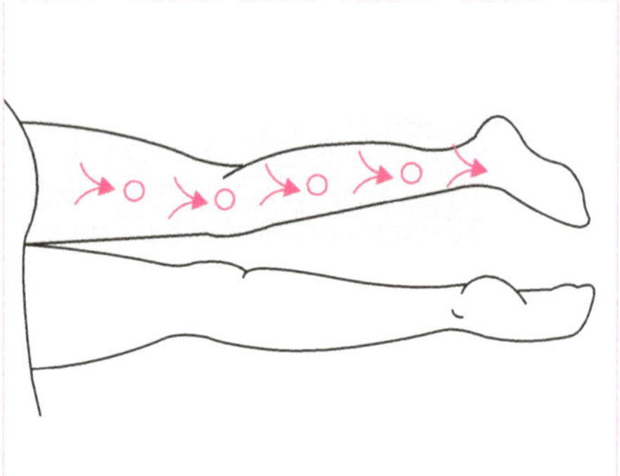

12 마무리

온습포를 사용하여 마무리한다.

4. 다리 후면(상부)

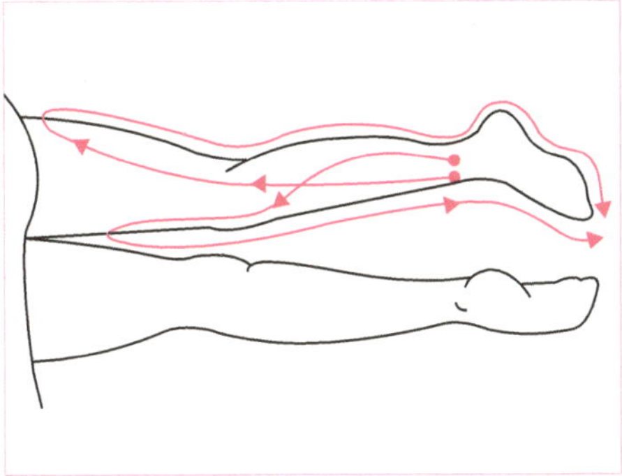

1 다리 전체 쓰다듬기(Effleurage)

발목에서 대퇴이두근 상부까지 쓰다듬기 한다.

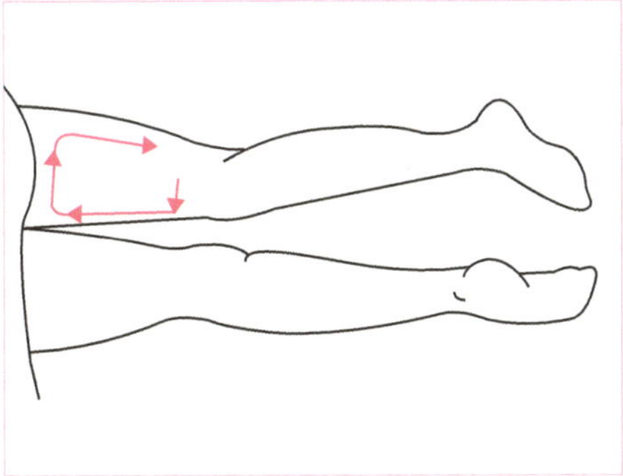

2 상부 쓰다듬기(Effleurage)

수장 부위로 대퇴 이두근을 원을 그리듯이 쓰다듬기 한다.

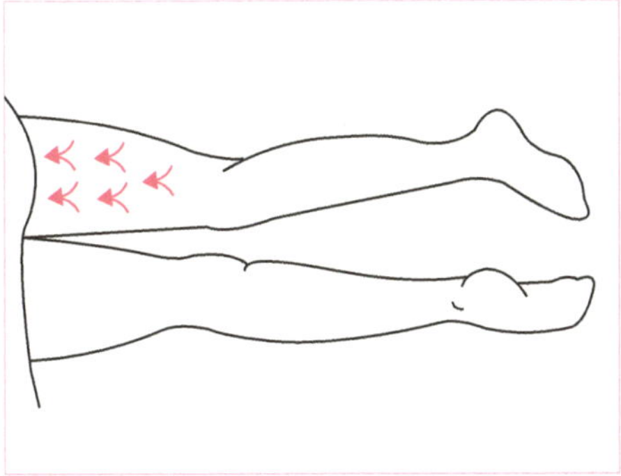

3 대퇴 이두근 쓰다듬기(Effleurage)

양손을 밀착시켜 대퇴 이두근 부위를 교대로 쓰다듬기 한다.

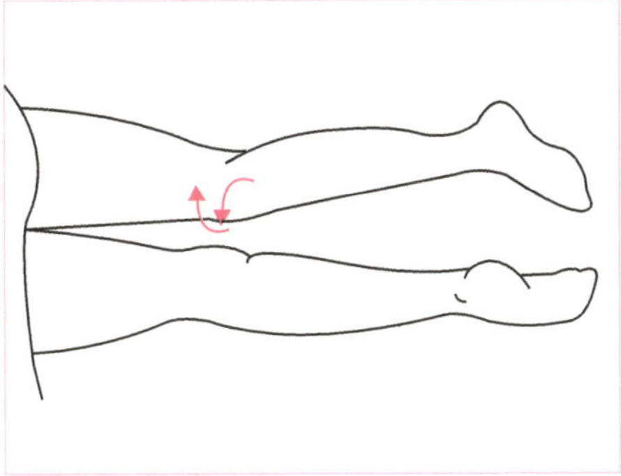

4 슬괵근 쓰다듬기(Effleurage)

양손을 밀착시켜 슬괵근 부위를 교대로 쓰다듬기 한다.

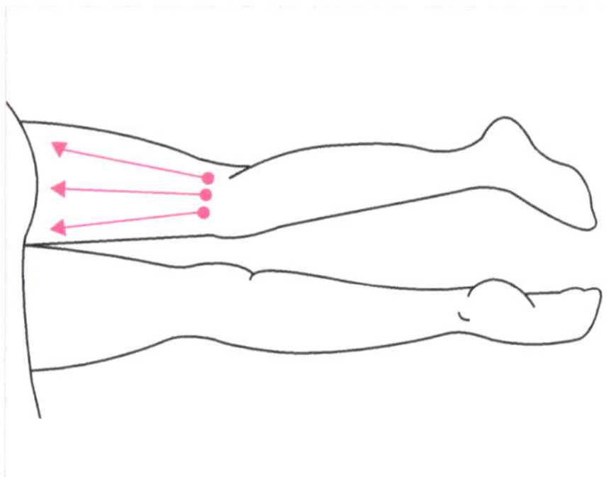

5 엄지 스트로킹(Stroking)

대퇴 이두근을 3등분 하여 모지복으로 깊게 쓰다듬기 한다.

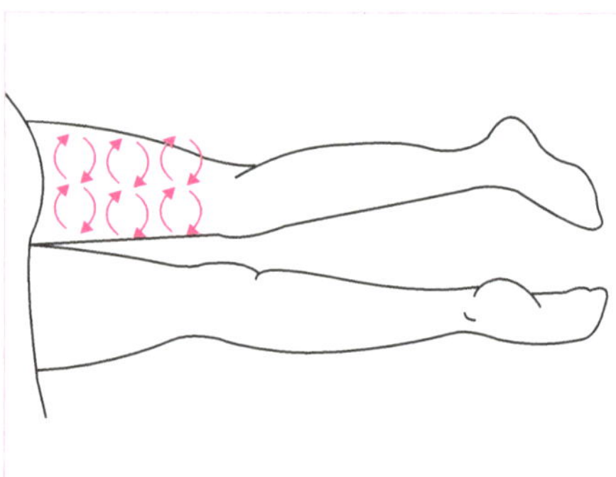

6 반죽하기(Kneading)

대퇴 이두근을 3등분 하여 반죽하기 한다.

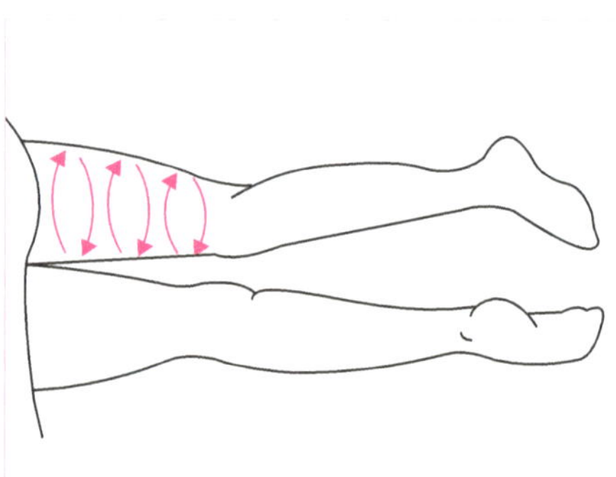

7 스퀴징(Squeezing)

대퇴 이두근 전체를 반죽하기 동작으로 깊게 자극한다.

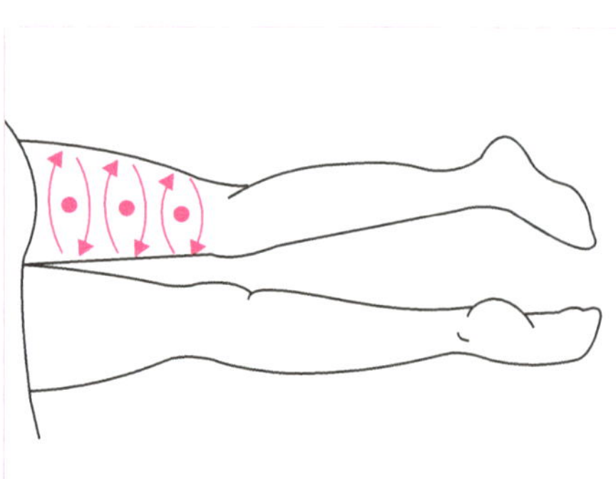

8 밀고 당기고 올리기

한 손은 컵핑(Cupping)으로 상하 방향으로 두드리기 하고, 다른 한 손은 살짝 꼬집듯이 파인스먼트(Pincement) 한다.

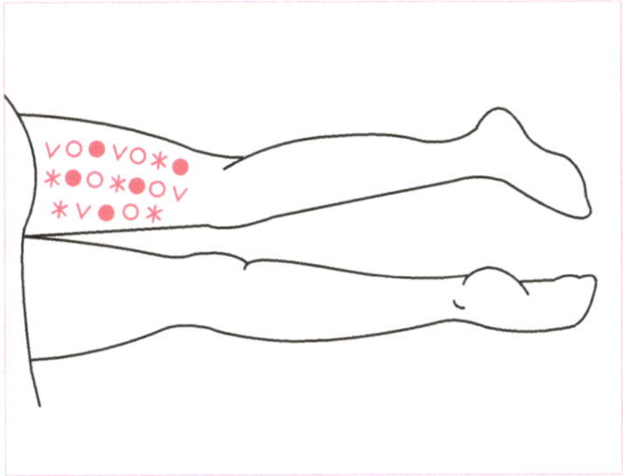

9 두드리기

비팅(Beating), 해킹(Hacking), 컵핑(Cupping), 파인스먼트(Pincement), 태핑(Tapping) 등으로 두드리기 한다.

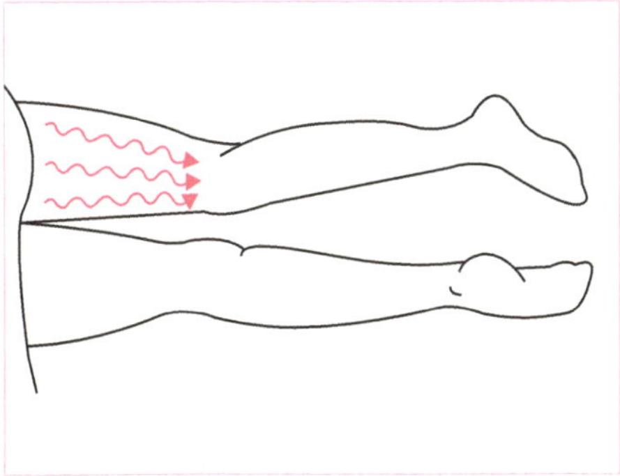

10 진동하기(Vibration)

한 손은 환도 부위에 올려놓고, 대퇴 이두근을 3등분 하여 다른 한 손의 호구부위로 바이브레이션 한다.

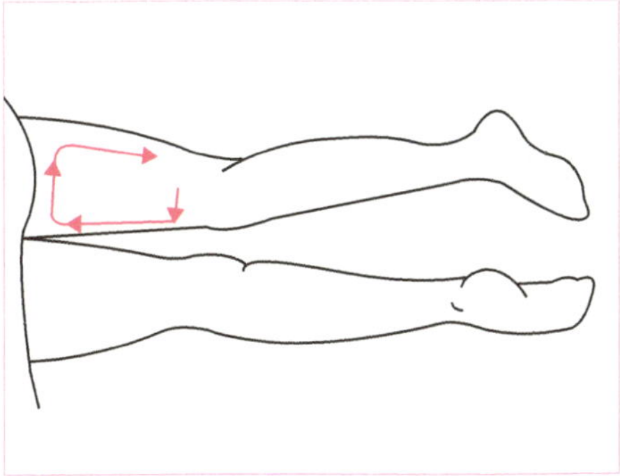

11 상부 쓰다듬기(Effleurage)

수장 부위로 대퇴 이두근을 원을 그리듯이 쓰다듬기 한다.

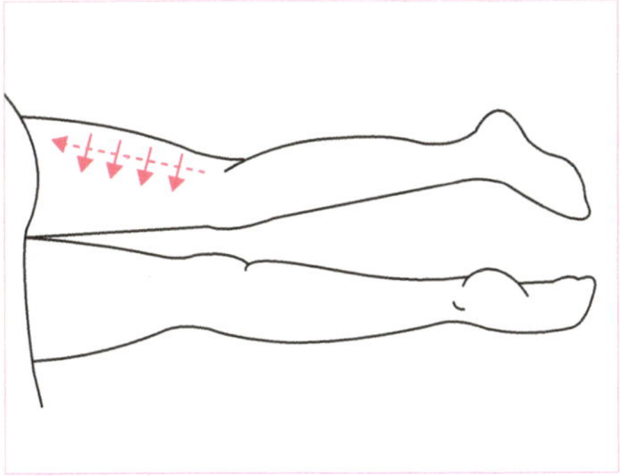

12 장경인대 스트로킹(Stroking)

모지복을 사용하여 장경인대를 깊게 쓰다듬기 한다.

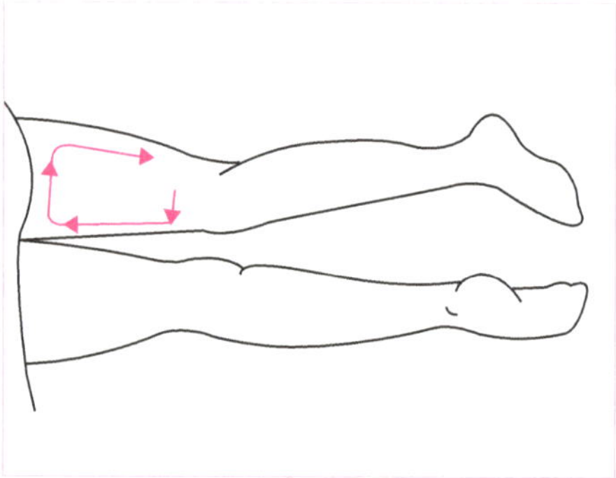

13 상부 쓰다듬기(Effleurage)

수장 부위로 대퇴 이두근을 원을 그리듯이 쓰다듬기 한다.

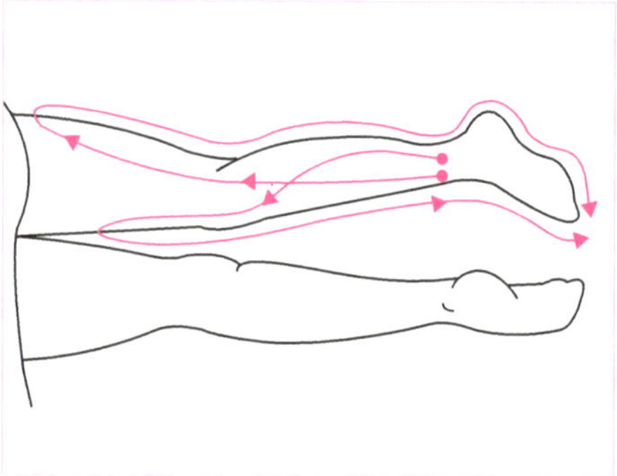

14 다리 전체 쓰다듬기

발목에서 대퇴이두근 상부까지 쓰다듬기 한다.

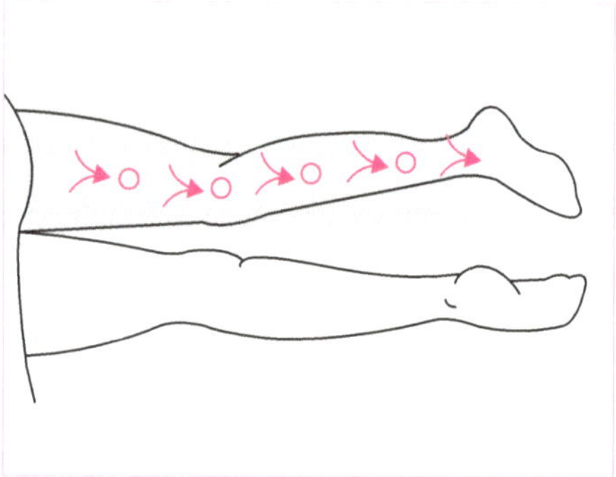

15 마무리

온습포로 하부를 감싼 뒤 대퇴이두근 상부에서 종골까지 닦아준다.

발 매뉴얼테크닉 응용 동작

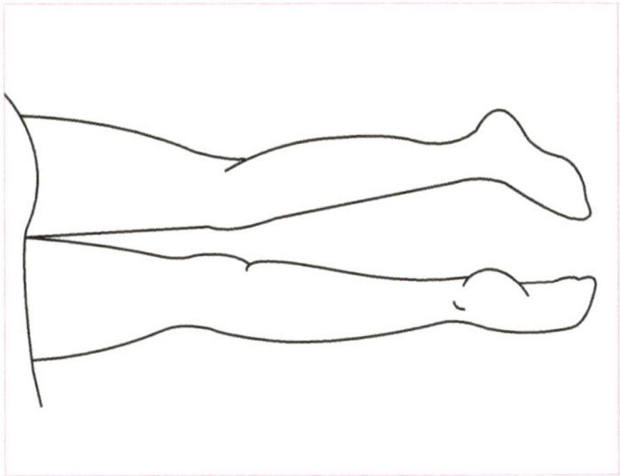

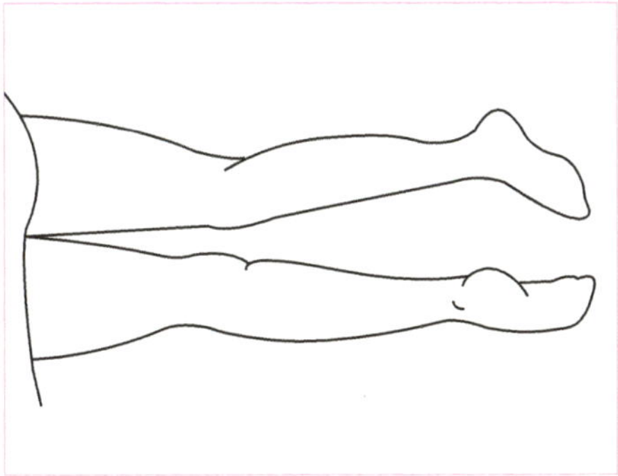

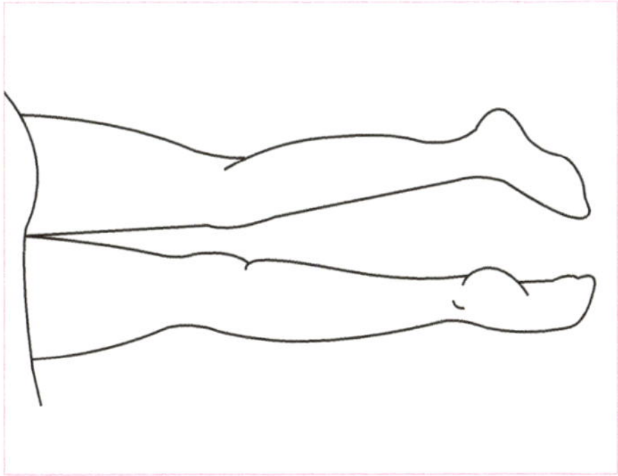

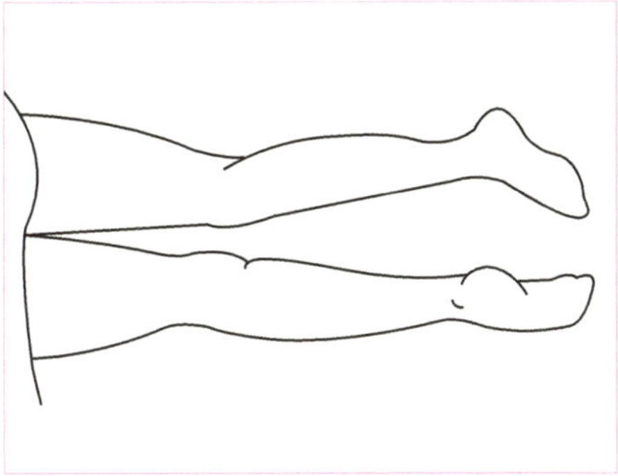

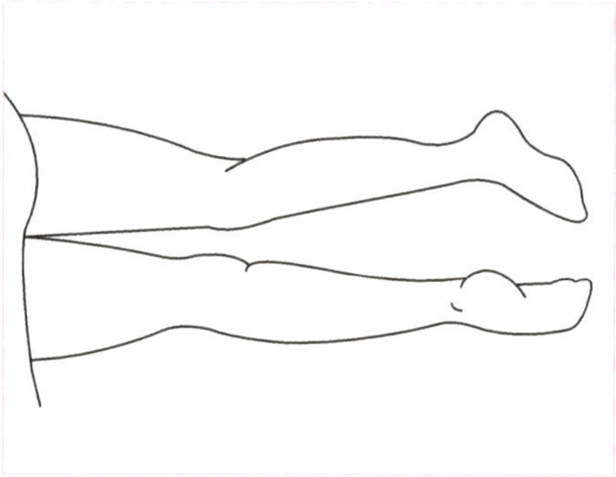

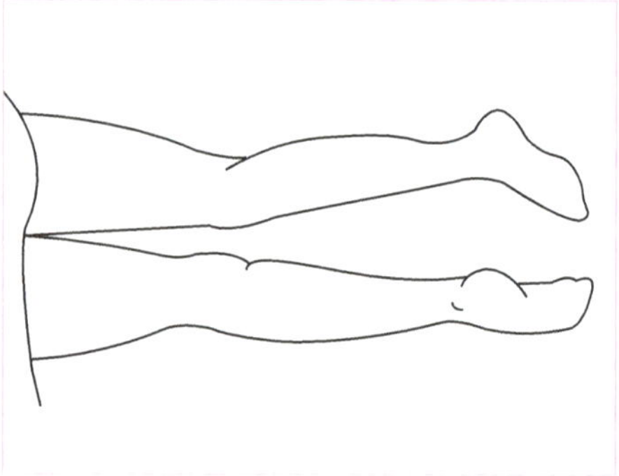

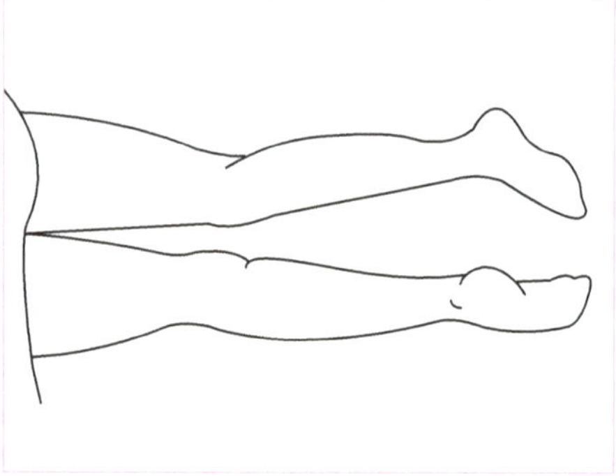

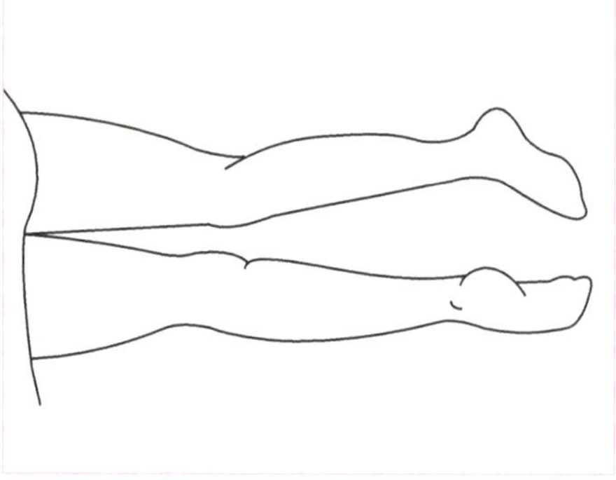

5. 등

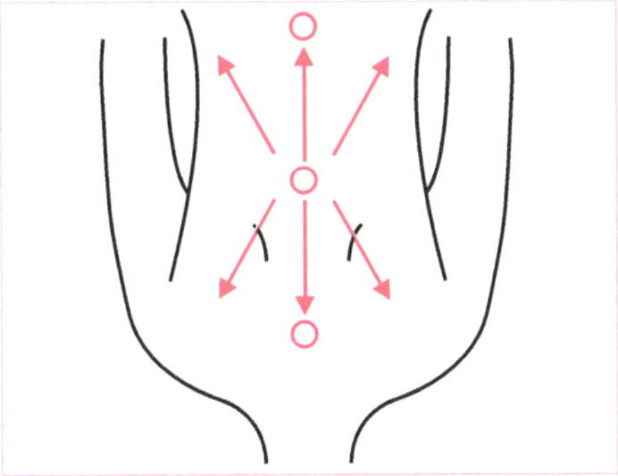

1 오일 도포

3등분 하여 오일을 도포한다. 수직 방향과 대각선 방향으로 도포한다.

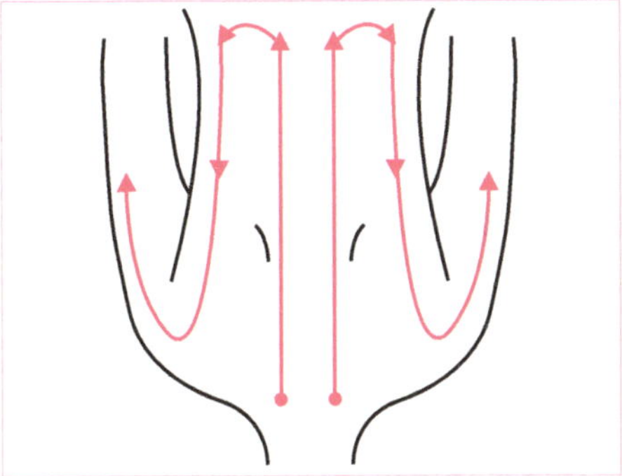

2 쓰다듬기(Effleurage)

기립근을 따라 전체 쓰다듬기 후 외측으로 올라와 상부 승모근을 지나 주두(팔꿈치)에서 마무리한다.

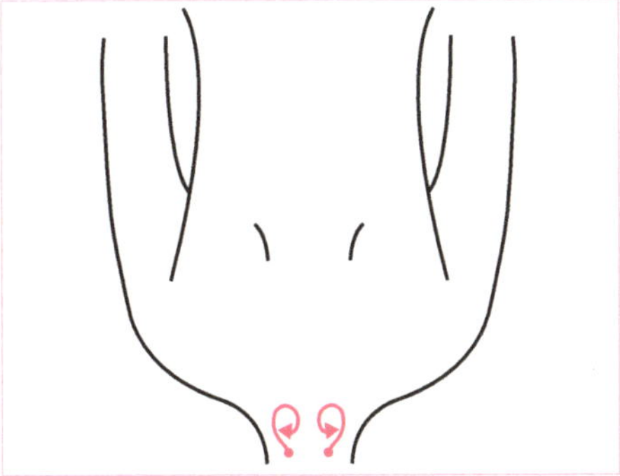

3 사각근 쓰다듬기(Effleurage)

호구 부위를 사용하여 경추를 중심으로 사각근을 교대로 쓰다듬기 한다.

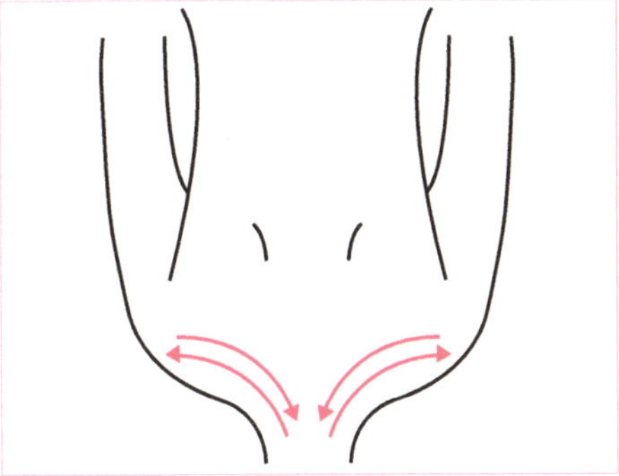

4 상부 승모근 쓰다듬기(Effleurage)

호구 부위를 사용하여 상부 승모근을 쓰다듬기 한다.

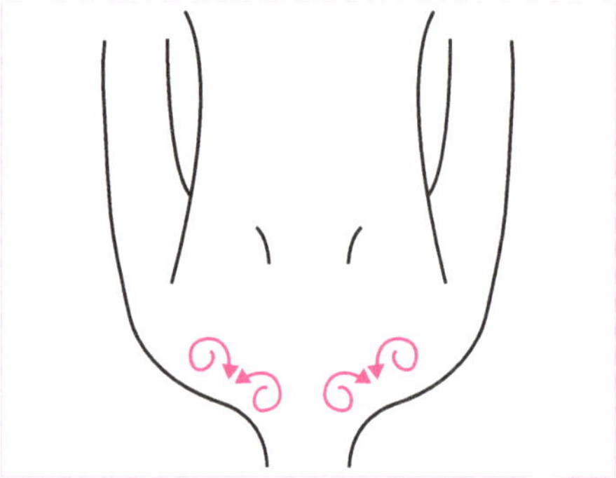

5 상부 승모근 반죽하기

호구 부위를 사용하여 좌·우측의 상부 승모근을 반죽하기 한다.

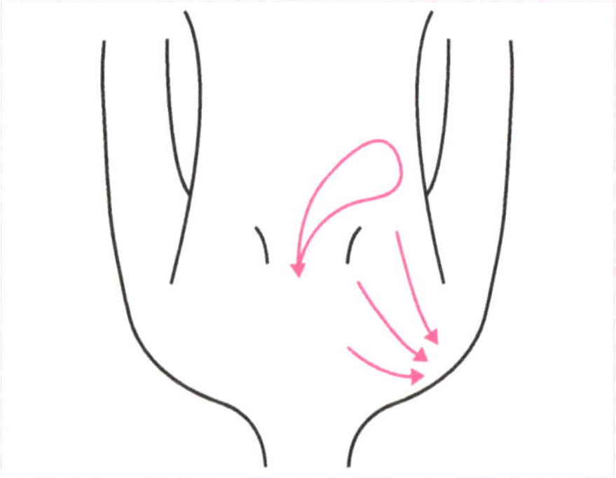

6 견갑골 쓰다듬기

한 손은 어깨의 아래에 두고 다른 한 손의 수근 부위로 견갑골 외측을 따라 쓰다듬기 한 후 견갑골 외측에서 견봉을 향해 쓰다듬기 한다. 반대쪽도 동일한 방법으로 반복한다.

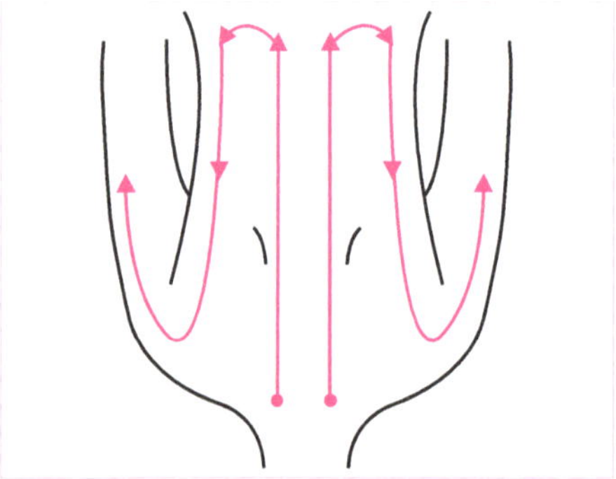

7 쓰다듬기

기립근을 따라 전체 쓰다듬기 후 외측으로 올라와 상부 승모근을 지나 주두(팔꿈치)에서 마무리 한다.

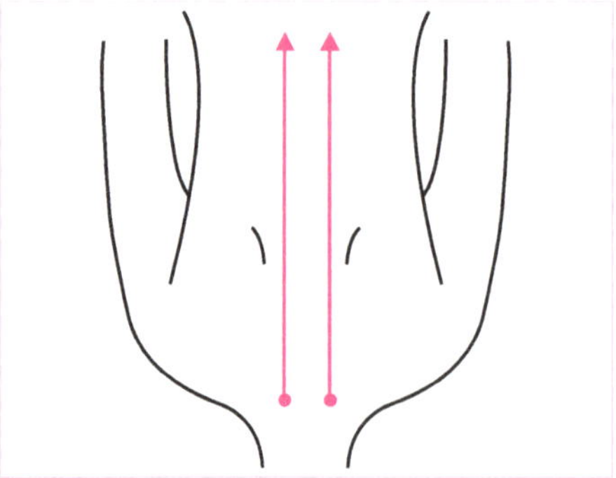

8 기립근 깊게 쓰다듬기(Deep Strocking)

손 전체를 사용하여 기립근을 깊게 쓰다듬기 한다.

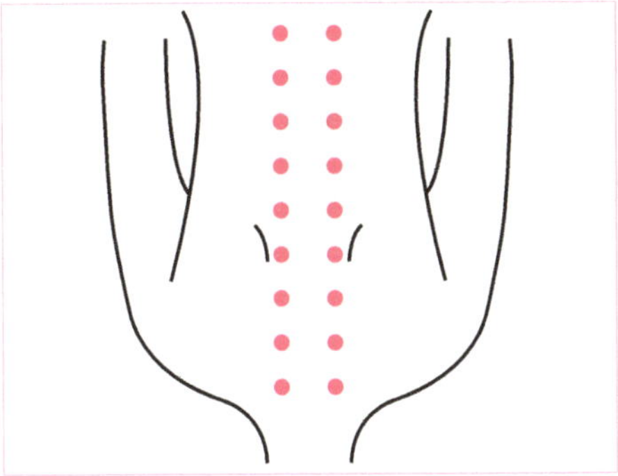

9 기립근 자극하기

모지복으로 기립근 전체를 9등분 하여 심부를 향해 자극한다.

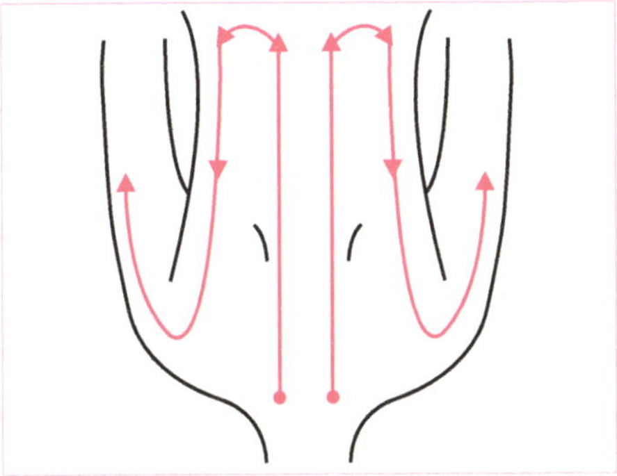

10 쓰다듬기(Effleurage)

기립근을 따라 전체 쓰다듬기 후 외측으로 올라와 상부 승모근을 지나 주두(팔꿈치)에서 마무리한다.

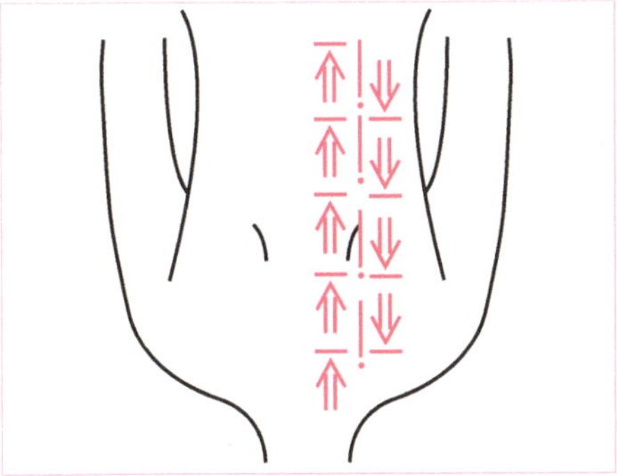

11 흉곽 집어주기(Petrissage)

기립근을 중심으로 관리사의 4지 폭을 기준으로 2등분 하여 쓸어내려 주면서 손바닥 전체로 흉곽을 집어준다.

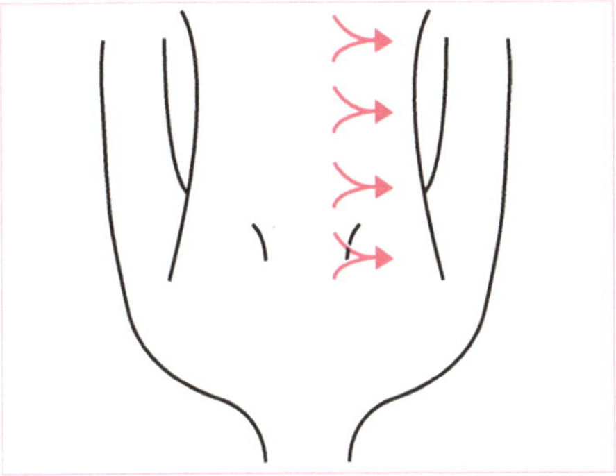

12 흉곽 외측 쓰다듬기(Effleurage)

양손을 동시에 기립근에서 늑간근을 따라 외측으로 쓰다듬기 한다.

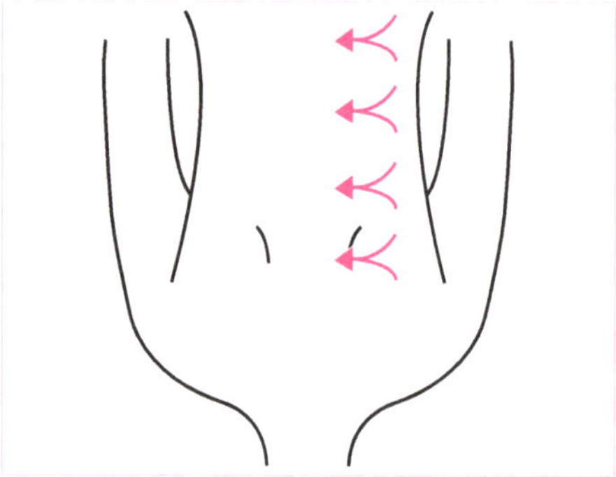

⑬ 흉곽 외측 올리기

지과면을 사용하여 늑간근에서 기립근을 당기듯이 올려준다.

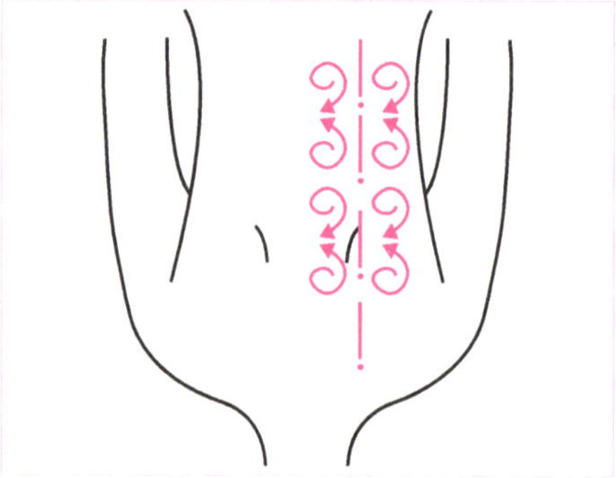

⑭ 흉곽 외측 반죽하기 1

외측을 관리사의 호구 폭을 기준으로 등분하여 가로 방향으로 반죽하기 한다.

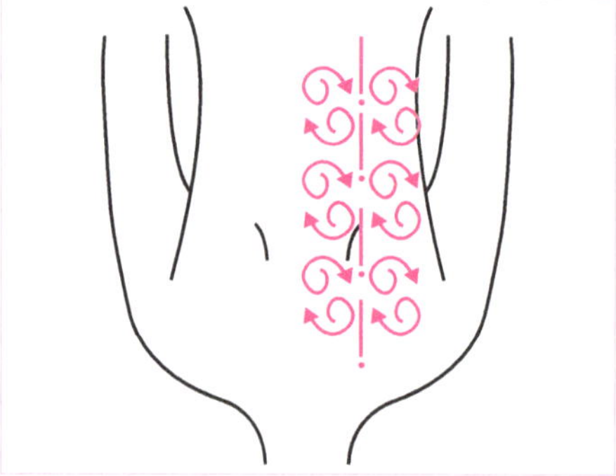

⑮ 흉곽 외측 반죽하기 2

외측을 세로 방향으로 촘촘히 반죽하기 한다.

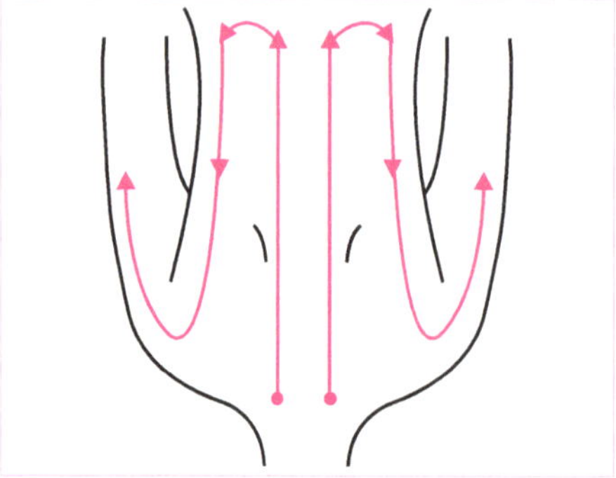

⑯ 쓰다듬기(Effleurage)

기립근을 따라 전체 쓰다듬기 후 외측으로 올라와 상부 승모근을 지나 주두(팔꿈치)에서 마무리한다.

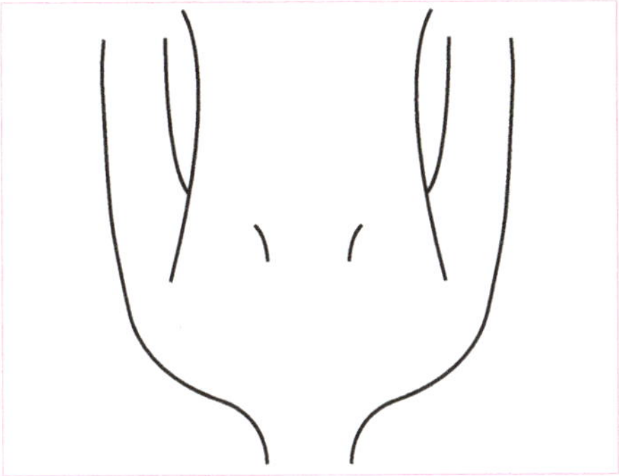

17 반대쪽 반복하기 [**11** ~ **15**]

동일한 방법으로 반대쪽에 반복한다.

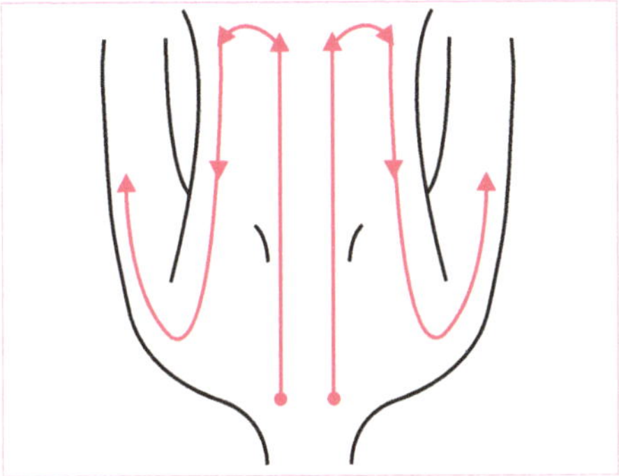

18 쓰다듬기(Effleurage)

기립근을 따라 전체 쓰다듬기 후 외측으로 올라와 상부 승모근을 지나 주두(팔꿈치)에서 마무리한다.

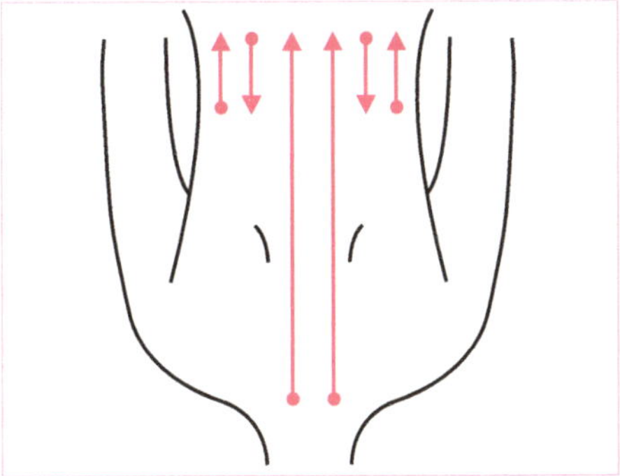

19 기립근 내리기

양손의 수근 부위로 기립근을 따라 깊게 쓰다듬기 한 후 동일한 방법으로 허리 부분을 왕복으로 5회 쓰다듬기 한다. 흉곽의 외측에서 어깨를 지나 주두(팔꿈치)에서 마무리한다.

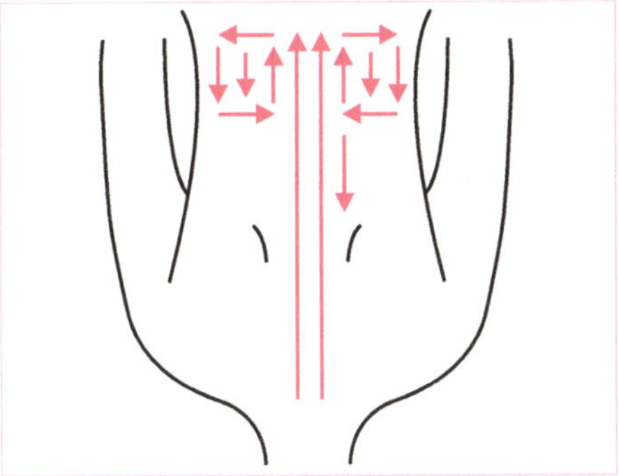

20 'ㅁ' 자 쓰다듬기(Effleurage)

수장으로 기립근을 따라 허리까지 쓰다듬기 하고 수근 부위로 허리 부분을 왕복으로 마찰한다. 수장으로 장골능을 따라 외측으로 쓰다듬기 하고 제12늑골까지 올라온 후 다시 기립근을 따라 제7경추까지 쓰다듬기 한다.

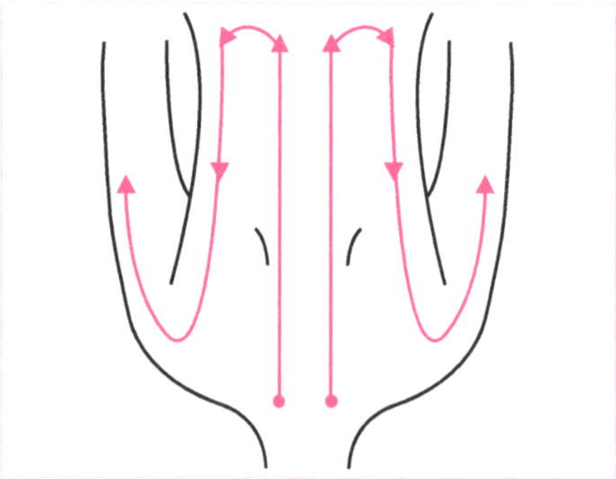

21 쓰다듬기(Effleurage)

기립근을 따라 전체 쓰다듬기 후 외측으로 올라와 상부 승모근을 지나 주두(팔꿈치)에서 마무리한다.

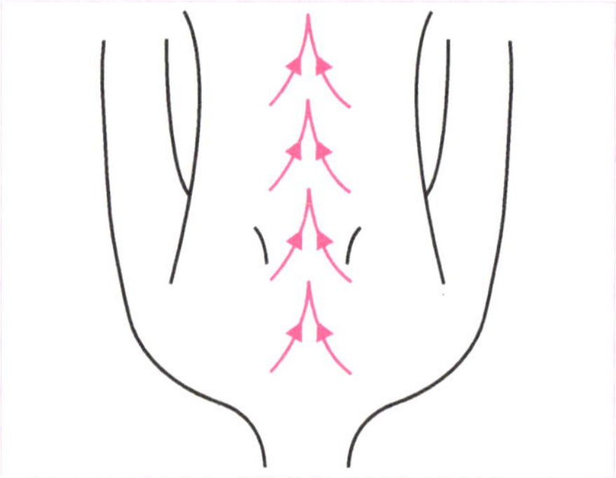

22 기립근 길게 쓰다듬기(Effleurage)

2지(2 · 3지) 안무법으로 기립근을 길게 쓰다듬기 한다.

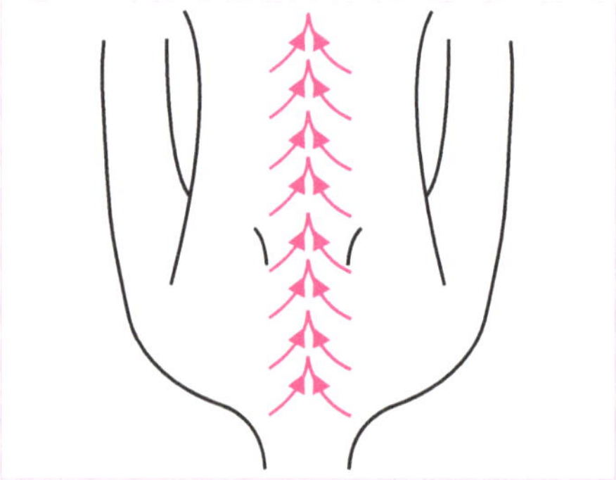

23 기립근 짧게 쓰다듬기(짧게)

2지(2 · 3지) 안무법으로 기립근을 짧게 쓰다듬기 한다.

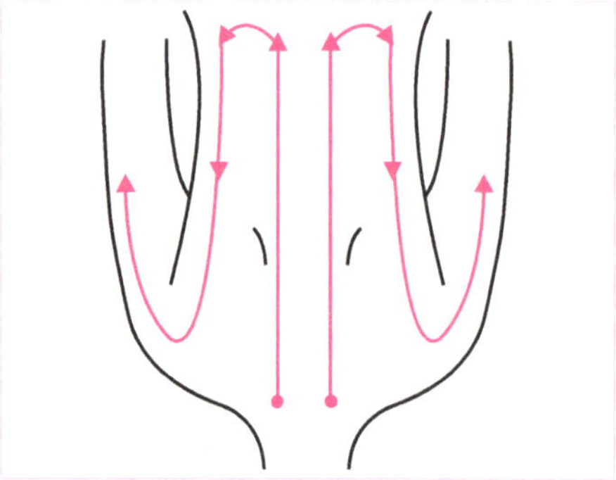

24 쓰다듬기(Effleurage)

기립근을 따라 전체 쓰다듬기 후 외측으로 올라와 상부 승모근을 지나 주두(팔꿈치)에서 마무리한다.

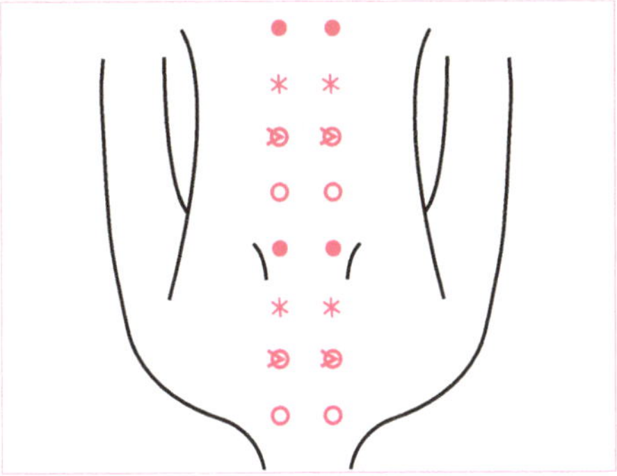

25 기립근 두드리기(Tapotment)

비팅(Beating), 해킹(Hacking), 컵핑(Cupping), 파인스먼트(Pincement), 태핑(Tapping) 등으로 두드리기 한다.

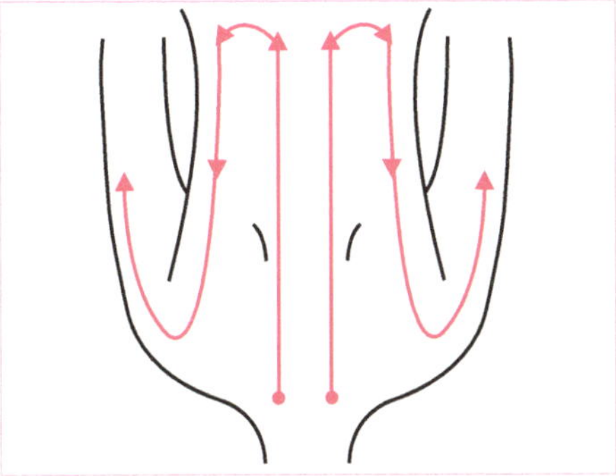

26 쓰다듬기(Effleurage)

기립근을 따라 전체 쓰다듬기 후 외측으로 올라와 상부 승모근을 지나 주두(팔꿈치)에서 마무리 한다.

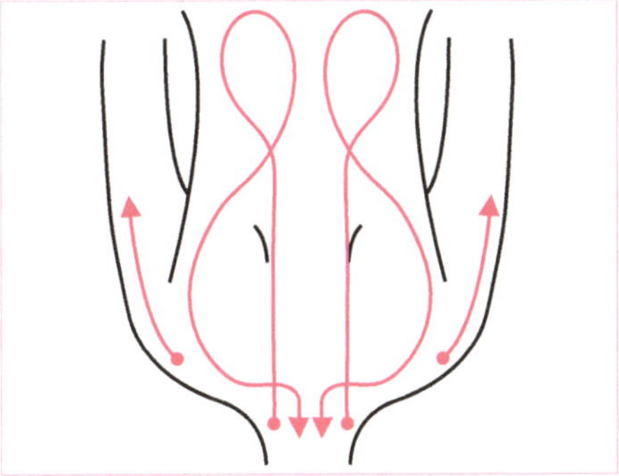

27 8자 쓰다듬기(Effleurage)

수장으로 기립근을 따라 허리까지 쓰다듬기 하고 환도를 감싸면서 다시 허리로 올라와 흉곽 외측을 따라 올라와 견봉, 견갑골 상각에서 다시 연결된 동작으로 5회 반복한다. 5회 때는 견봉에서 상완을 지나 주두(팔꿈치)에서 마무리한다.

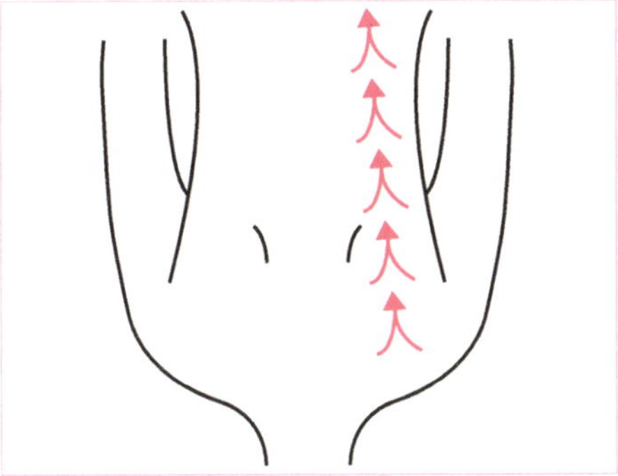

28 흉곽 내려주기

수장 전체를 사용하여 흉곽을 쓰다듬기 하면서 내려온다.

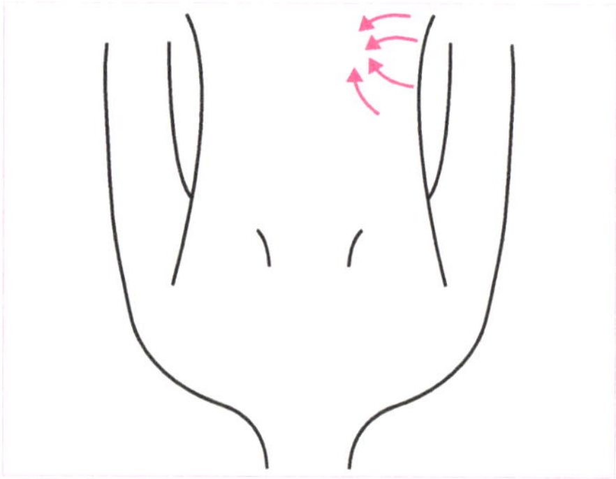

㉙ 대둔근 집어주기(Petrissage)

환도를 중심으로 대둔근을 모아주듯이 집어주기 한다.

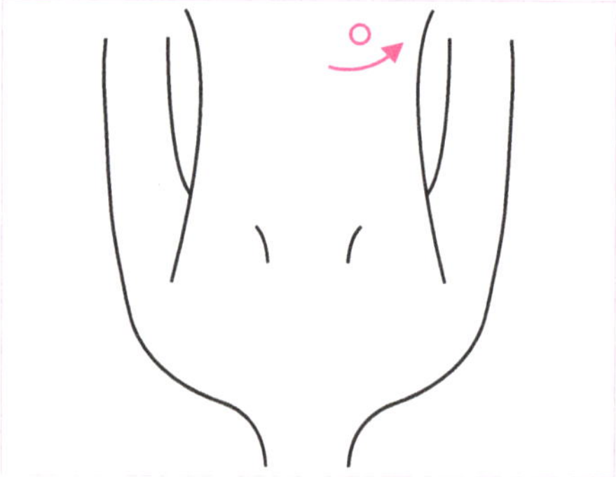

㉚ 대둔근 올려주기

모지복을 환도에 두고 2 · 3 · 4지의 지과 면으로 굴려주듯이 대둔근을 쓰다듬기 한다.

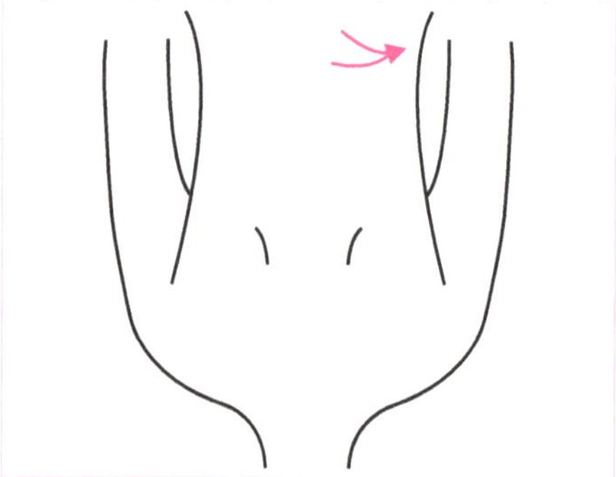

㉛ 장요근 쓰다듬기(Effleurage)

모지복을 사용하여 장골능 외측으로 쓰다듬기 한다.

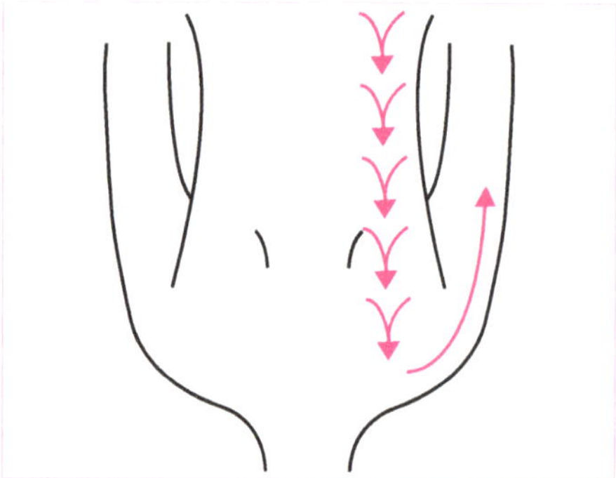

㉜ 흉곽 올려주기

수장 전체를 사용하여 흉곽을 쓰다듬기 하면서 견갑골 상각까지 올라간 후 주두(팔꿈치)에서 마무리한다.

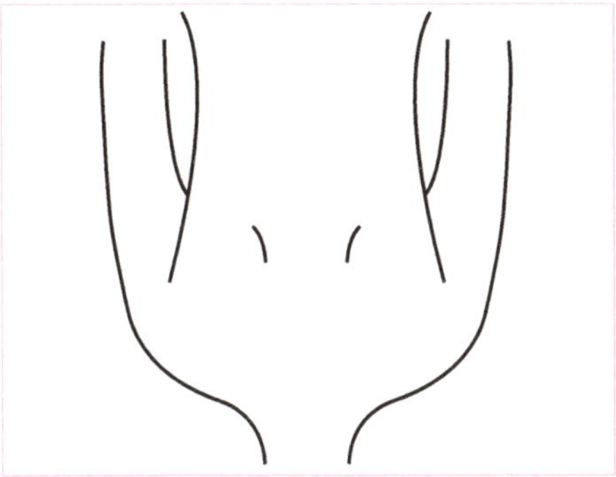

33 반대쪽 반복 [**28** ~ **32**]

동일한 방법으로 반대쪽에 반복한다.

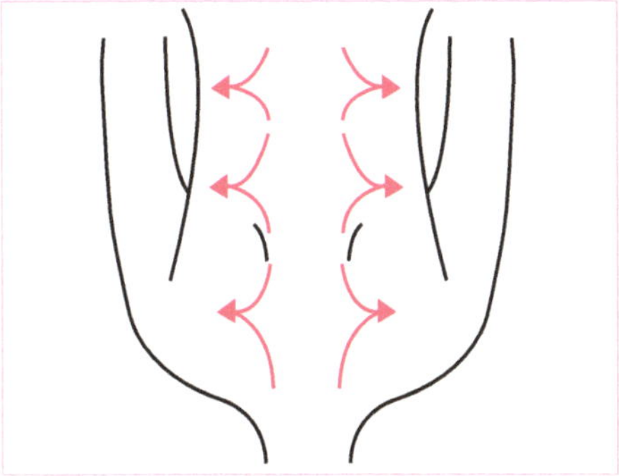

34 3등분 쓰다듬기(Effleurage)

수장 전체를 사용하여 3등분(견갑골, 제12번 척추, 요추) 하여 쓰다듬기 한다.

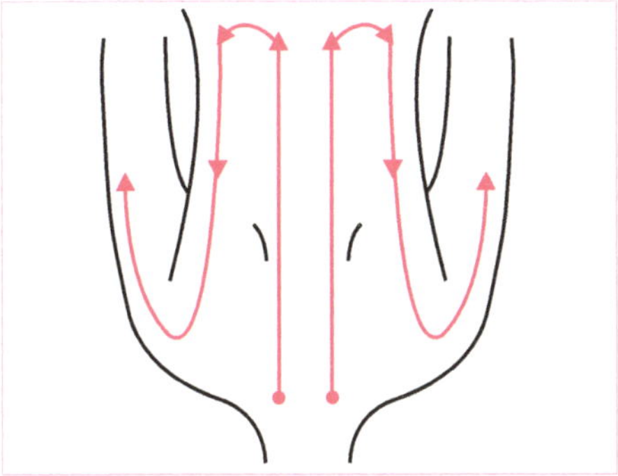

35 쓰다듬기(Effleurage)

기립근을 따라 전체 쓰다듬기 후 외측으로 올라와 상부 승모근을 지나 주두(팔꿈치)에서 마무리 한다.

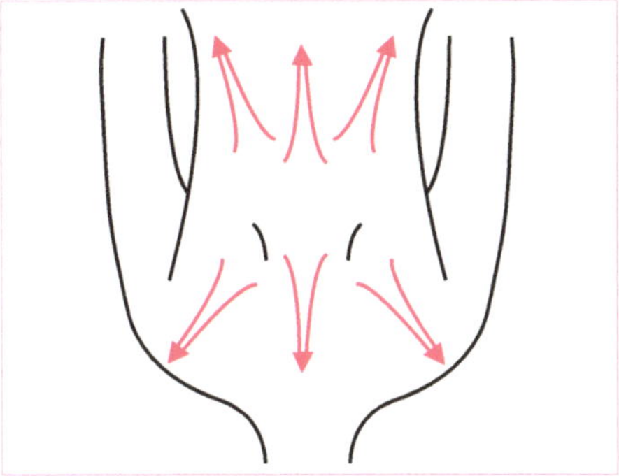

36 신전(Relaxation)

하완을 사용하여 직선, 대각선으로 신전한다.

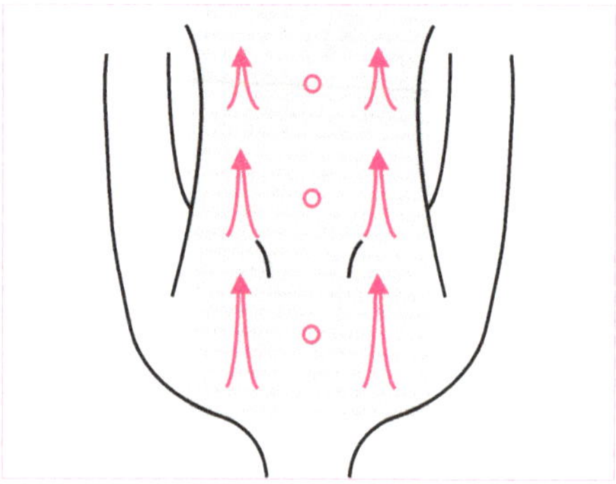

37 마무리

온습포를 사용하여 마무리한다.

등 매뉴얼테크닉 응용 동작

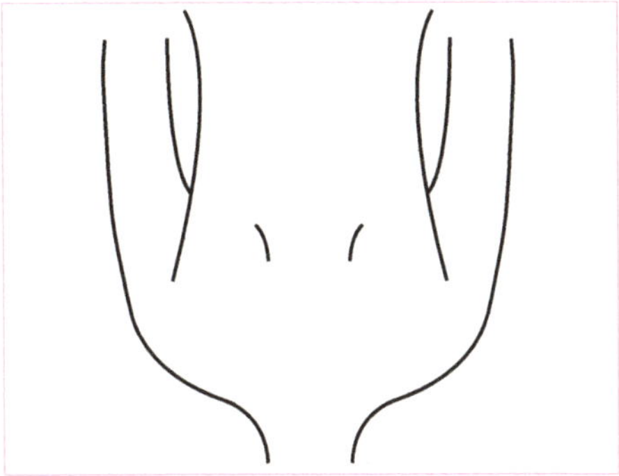

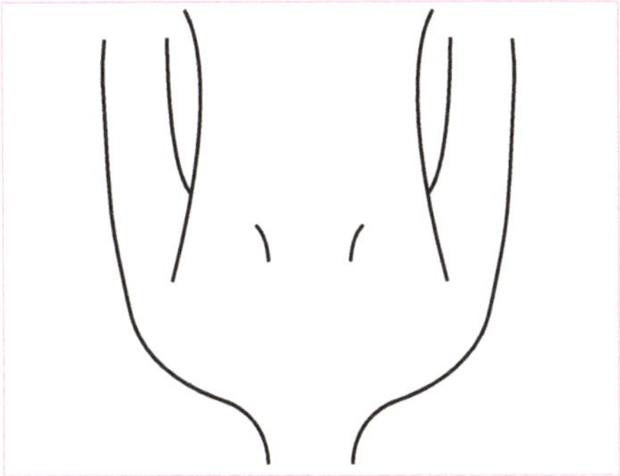

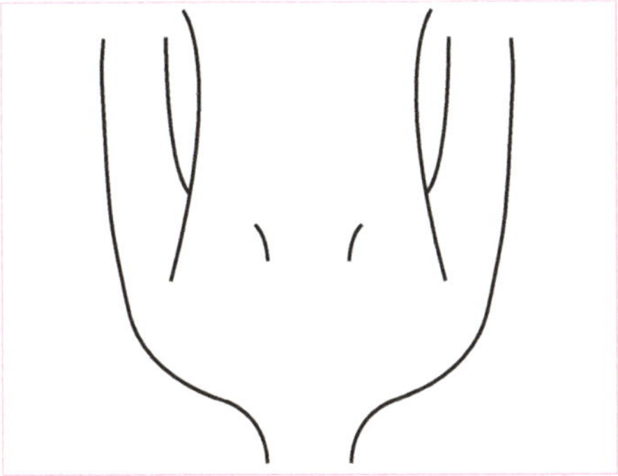

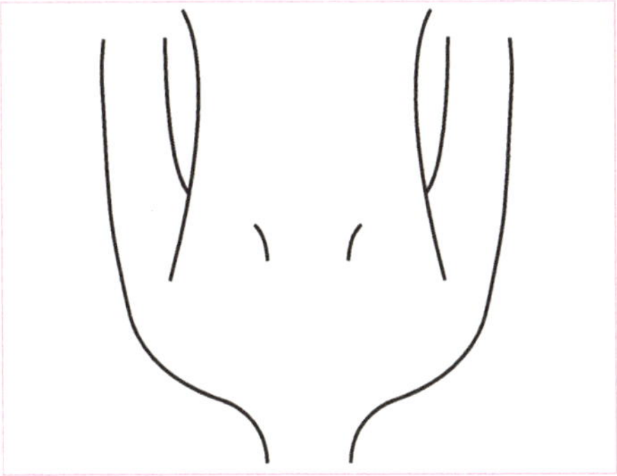

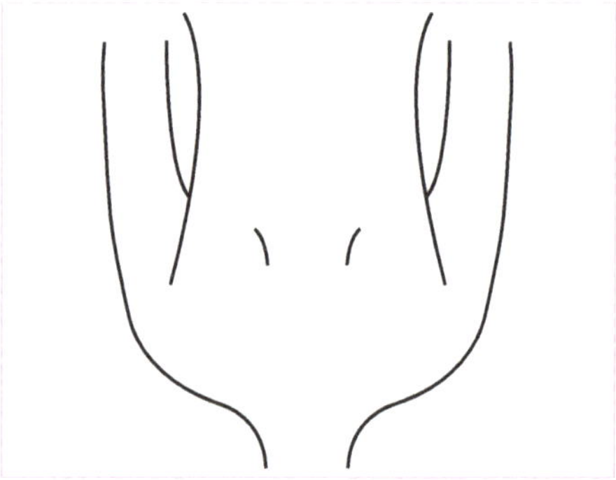

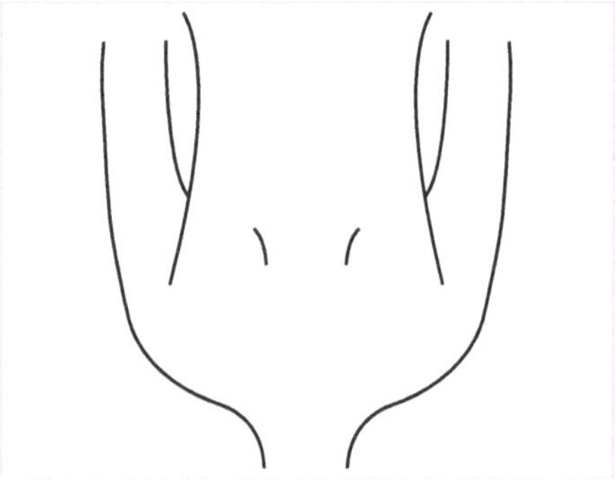

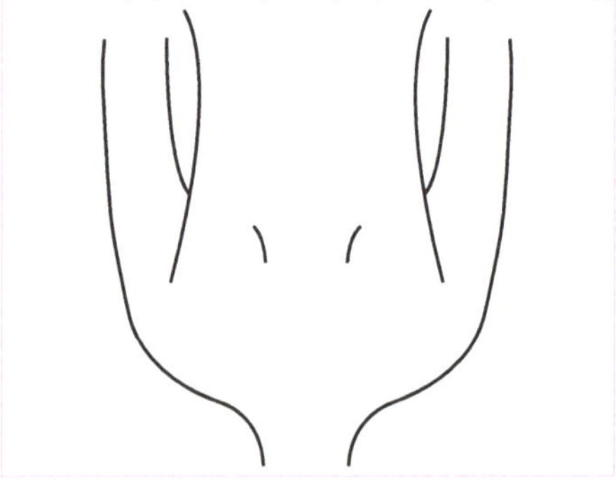

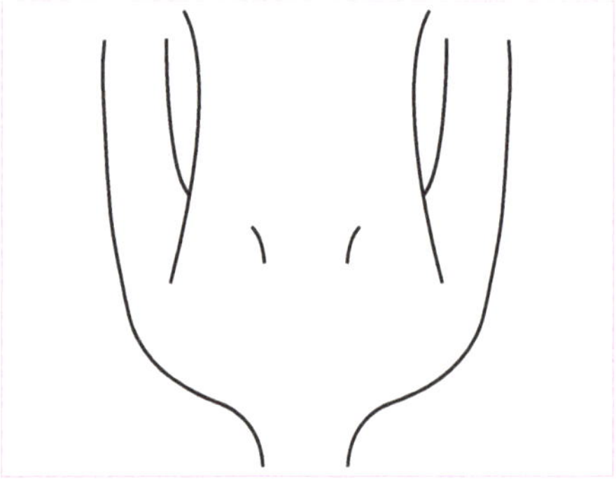

6. 다리 전면(발등)

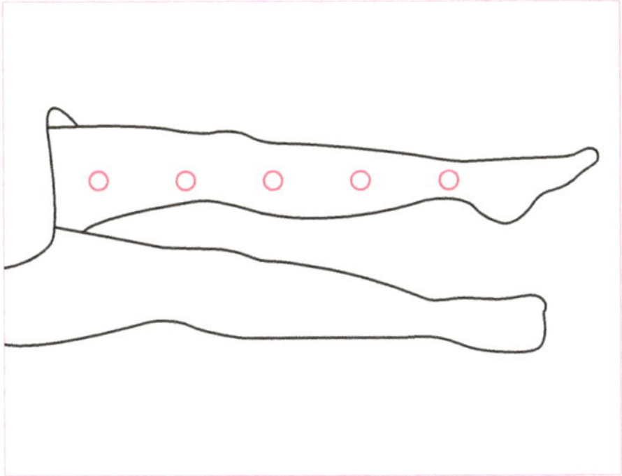

1 오일 도포

5등분 하여 오일을 도포한다.

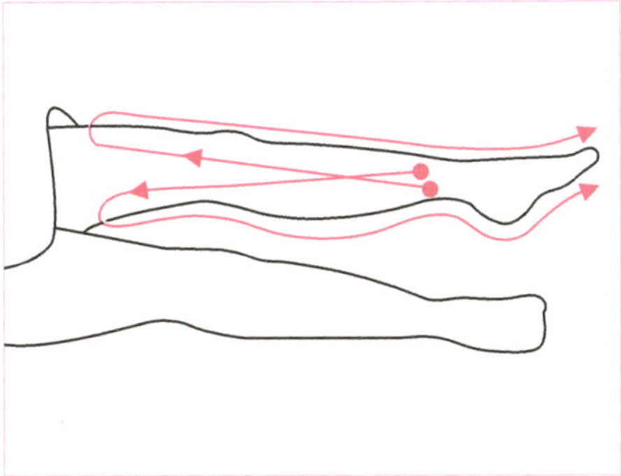

2 쓰다듬기(Effleurage)

발목에서 서혜부까지 쓰다듬기 하고 말절골 끝에서 마무리한다.

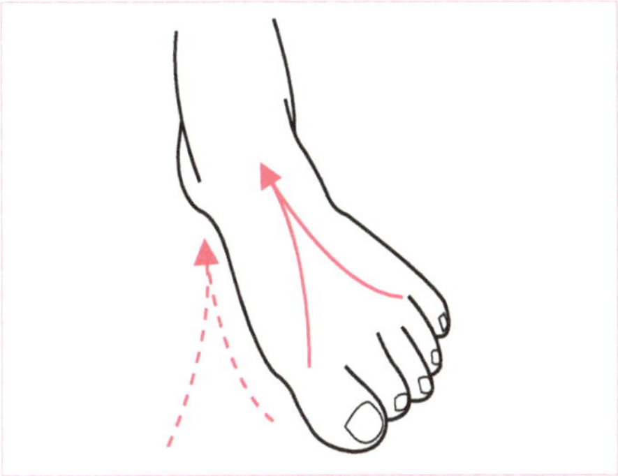

3 샌드위치 마찰(Friction)

양 손바닥을 이용하여 발등과 발바닥을 동시에 발가락 끝에서 발목 방향으로 마찰한다.

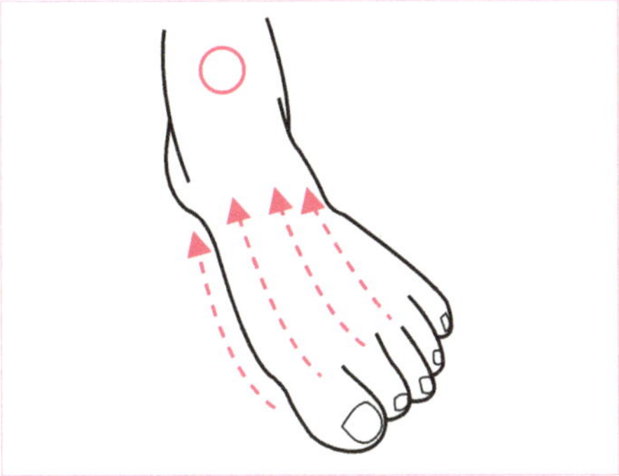

4 너클링(Knuckling)

한 손은 발등을 고정시키고 다른 한 손의 지과면을 사용하여 용천혈 기준으로 쓸어준다.

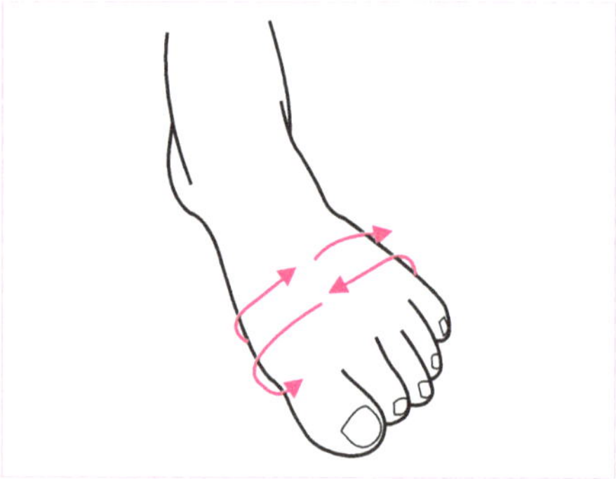

5 좌우 트위스팅(Twisting)

발의 내측과 외측을 동시에 좌우로 가볍게 흔들어준다.

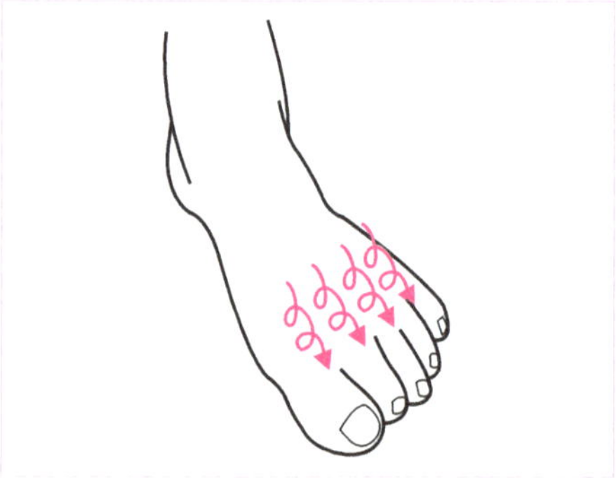

6 발등 프릭션(Friction)

엄지를 사용하여 중족골 사이를 용수철 모양으로 문지르기 한다.

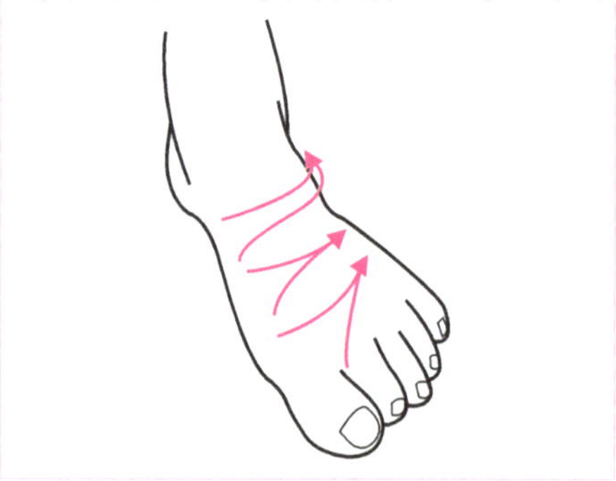

7 발등 러빙(Rubbing)

손바닥으로 발등을 3등분을 나누어 깊게 쓰다듬기 한다.

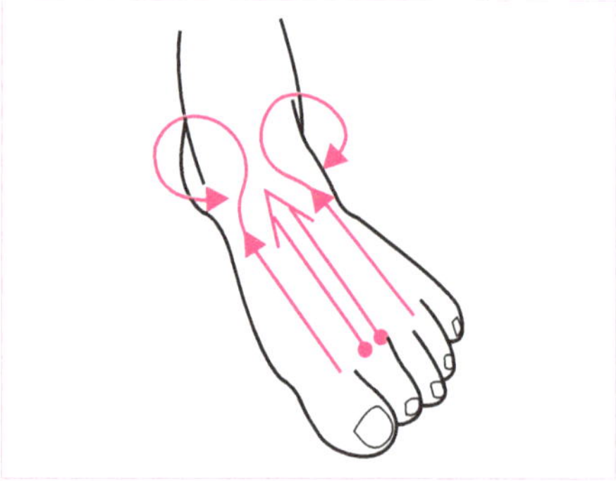

8 발등 드레이니지(Drainage)

2 · 3 · 4 · 5지로 중족골 사이의 림프절을 부드럽게 쓰다듬기 한다.

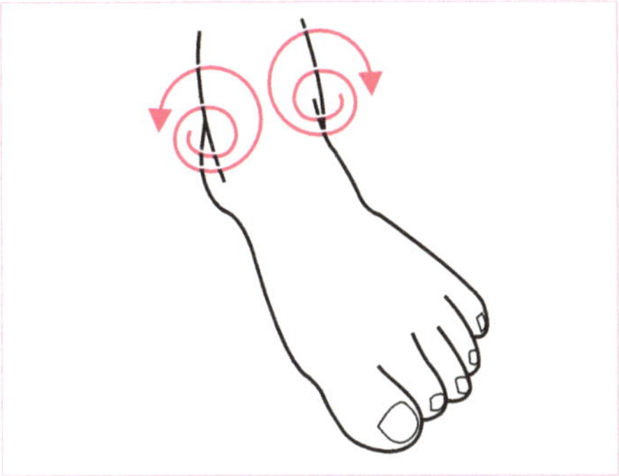

9 아킬레스건 마찰(Friction)

외복사 · 내복사 뼈를 경골과 중골을 원 모양으로 마찰한다.

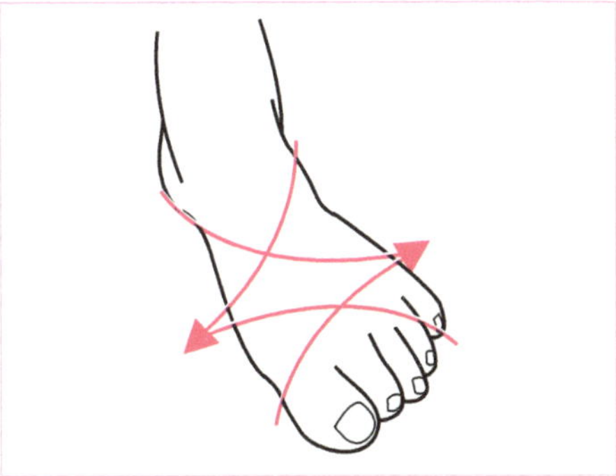

10 돌시(Dorsi flexion), 플랜타(Plantar flexion)

발바닥을 몸 안쪽과 바깥쪽으로 향하게 하는 동작을 반복한다.

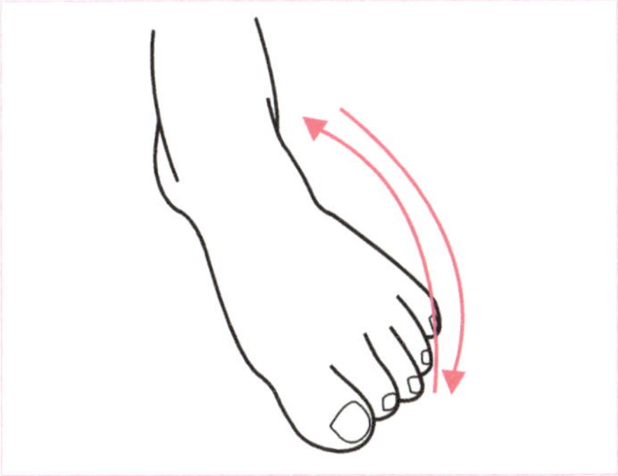

11 인버전(Inversion), 이버전(Eversion)

발등을 위로 올리고 내리는 동작을 반복한다.

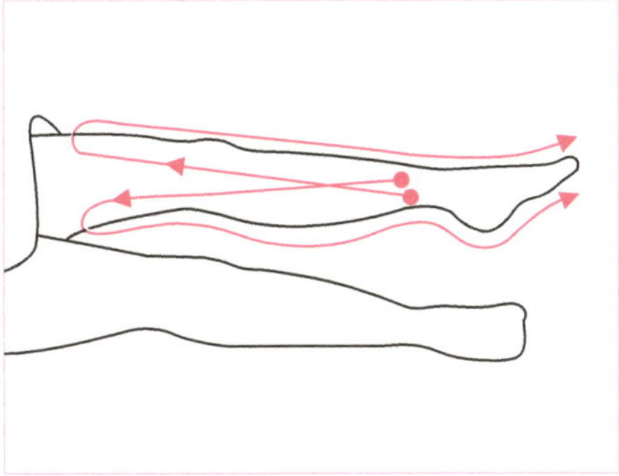

12 쓰다듬기(Effleurage)

발목에서 서혜부까지 쓰다듬기 하고 말절골 끝에서 마무리한다.

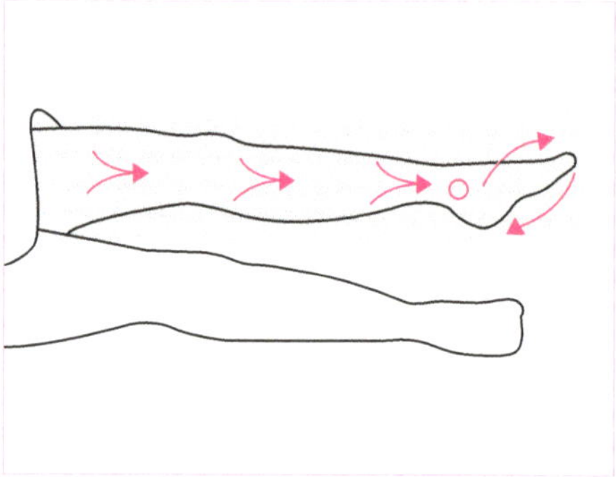

13 마무리

온습포로 발을 감싸고 인버전, 이버전 한 후 용천 부위를 두드리기 한다. 3등분으로 나누어 닦아주고 족골 사이사이를 촘촘히 닦아준다.

7. 다리 전면(하부)

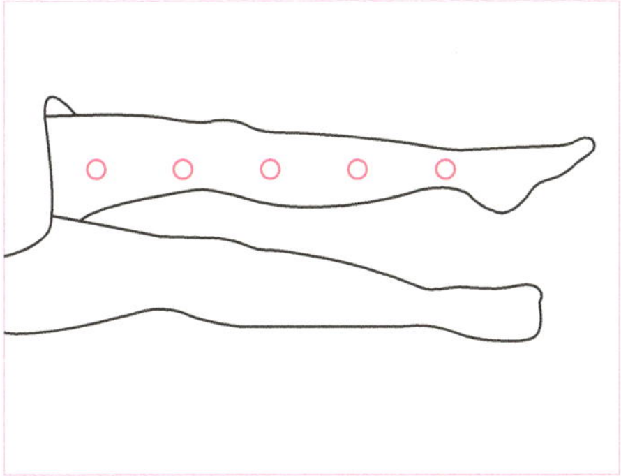

1 오일 도포

발목에서 서혜부까지 오일을 도포한다.

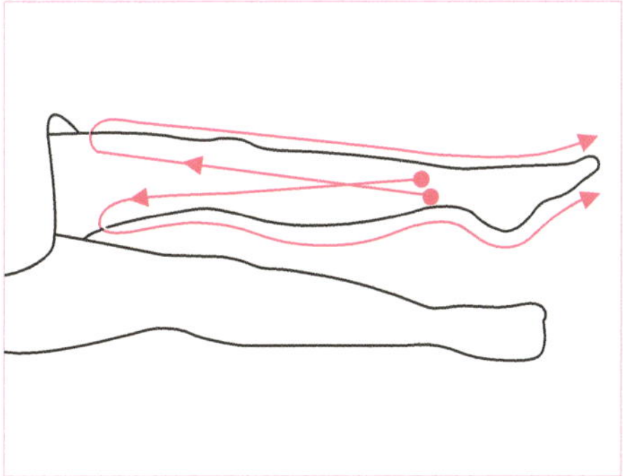

2 쓰다듬기(Effleurage)

발목에서 서혜부까지 쓰다듬기 한다.

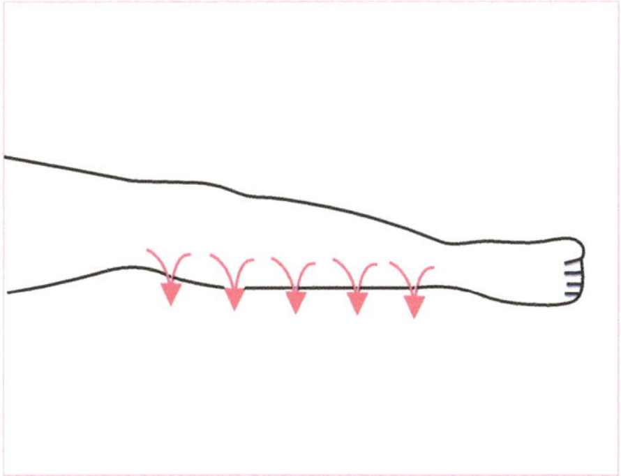

3 전경골근 쓰다듬기(Effleurage)

손바닥을 사용하여 경골을 중심으로 하지의 외측과 내측을 교대로 쓰다듬기 한다.

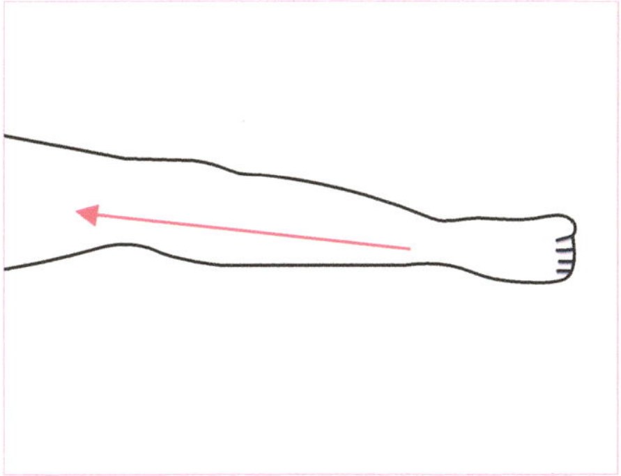

4 전경골근 스트로킹(Stroking)

양손의 모지복으로 전경골근을 깊게 쓰다듬기 한다.

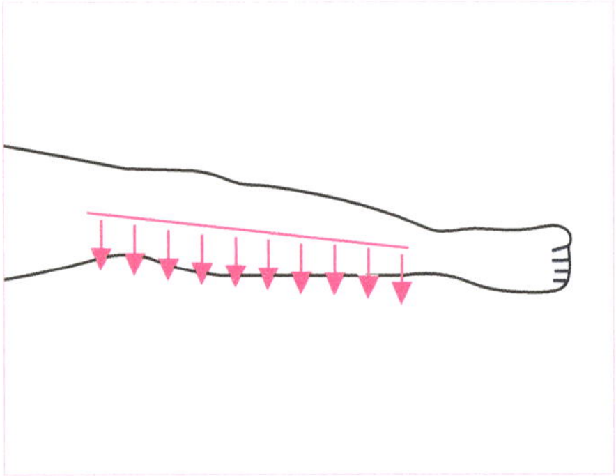

5 전경골근 마찰하기(Friction)

양손의 모지복으로 발목에서 무릎 방향으로 스트로킹 한 후 비골 방향으로 촘촘히 마찰한다.

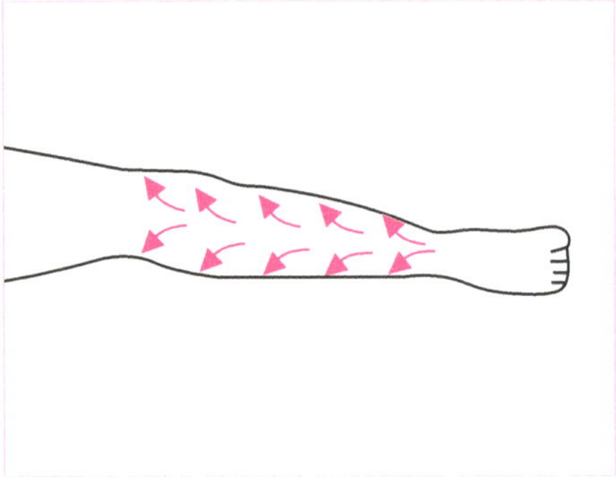

6 전경골근 쓰다듬기(Effleurage)

손바닥을 사용하여 경골을 중심으로 하지의 외측과 내측을 교대로 쓰다듬기 한다.

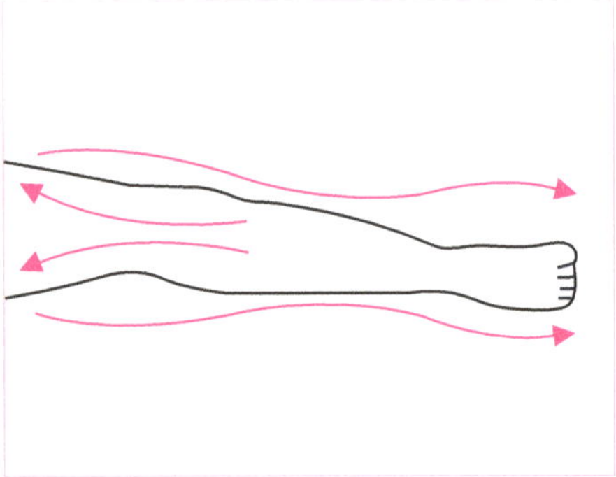

7 하지 쓰다듬기(Effleurage)

발목에서 슬개골까지 쓰다듬기 한다.

8 하지 세우기

무릎을 90도로 세워준다.

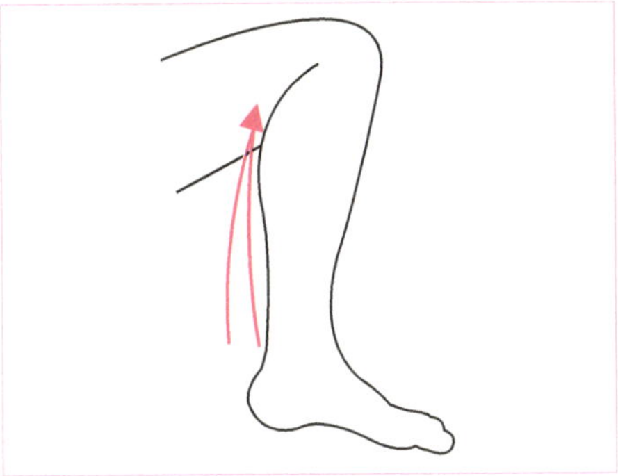

9 비복근 쓰다듬기(Effleurage)

수장 부위로 비복근을 쓰다듬기 한다.

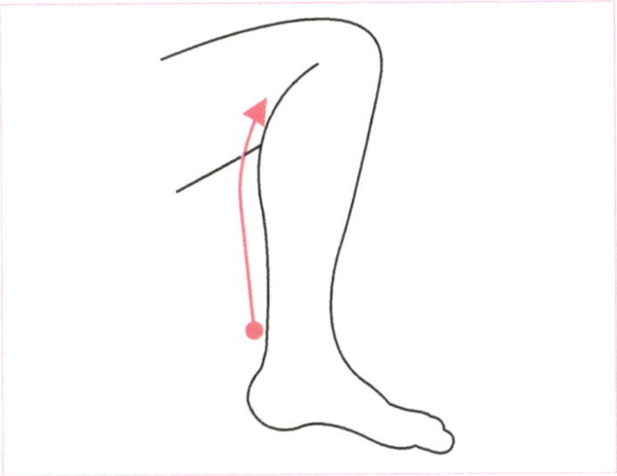

10 비복근 스트로킹(Stroking)

양손의 수지골을 사용하여 비복근 부위를 깊게 쓰다듬기 한다.

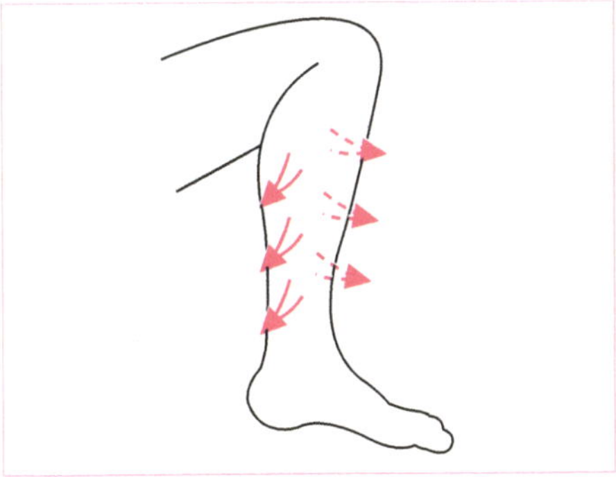

11 비복근 프러킹(Plucking)

비복근의 장두와 단두를 하지의 외측과 내측으로 동시에 프러킹 한다.

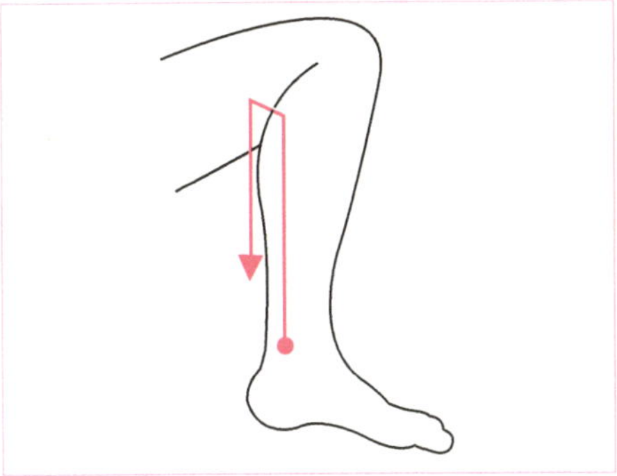

12 비복근 자극하기

하완을 사용하여 아킬레스건에서 슬와근 방향으로 비복근을 깊게 마찰한다.

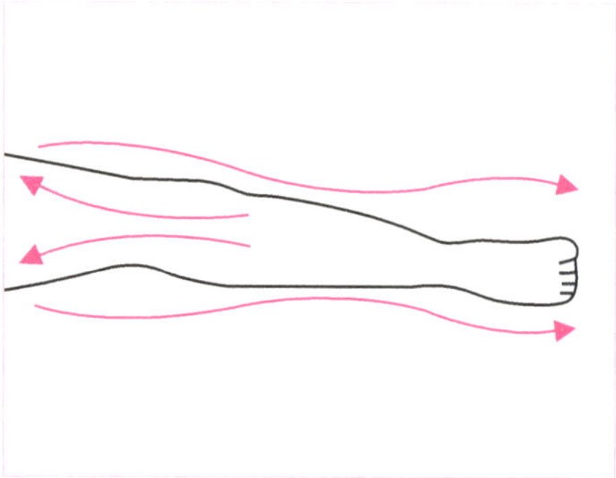

13 하지 쓰다듬기(Effleurage)

90도로 세운 하지를 배드 위에 내리고 발목에서 슬개골까지 쓰다듬기 한다.

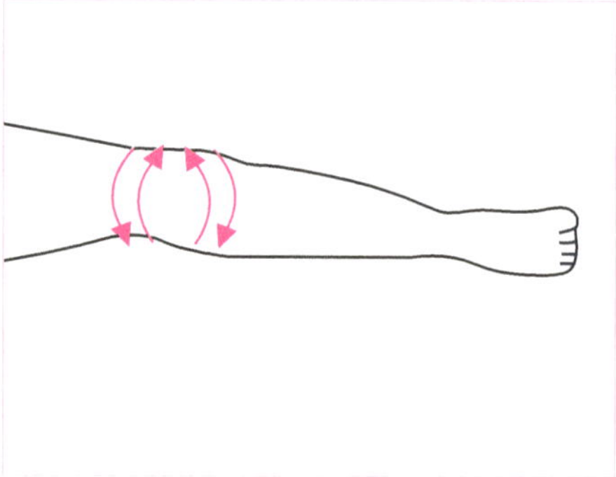

14 무릎 서클링(Circling)

양손의 모지복으로 슬개골 주변을 원을 그리며 쓰다듬기 한다.

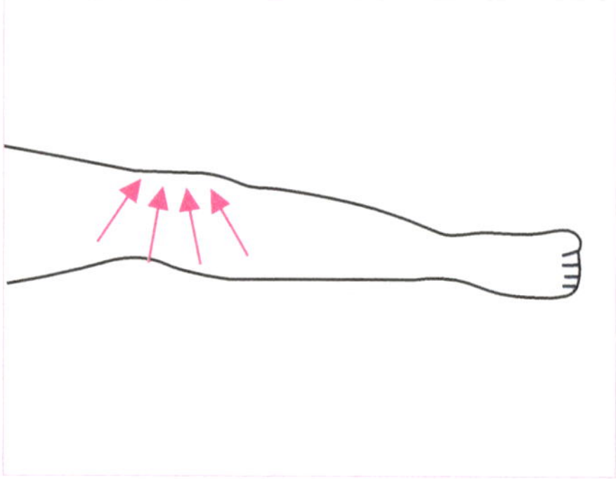

15 슬개골 움직이기

양손 모지복으로 슬개골 주변을 촘촘히, 부드럽게, 천천히 움직여 준다.

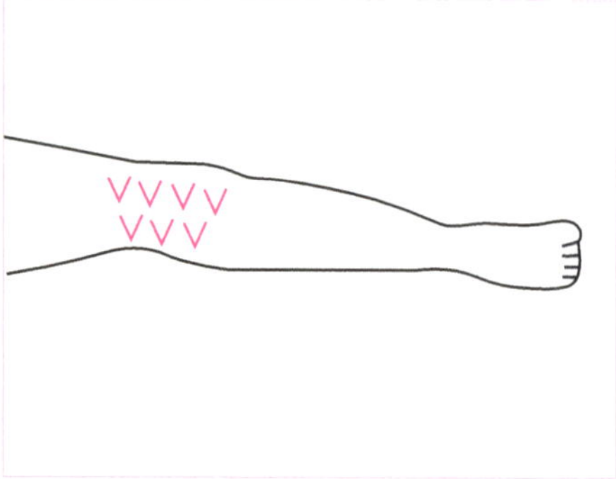

16 슬개골 레인드롭(Rain drop)

손가락 끝으로 타자를 치듯이 가볍게 슬개골을 레인드 롭한다.

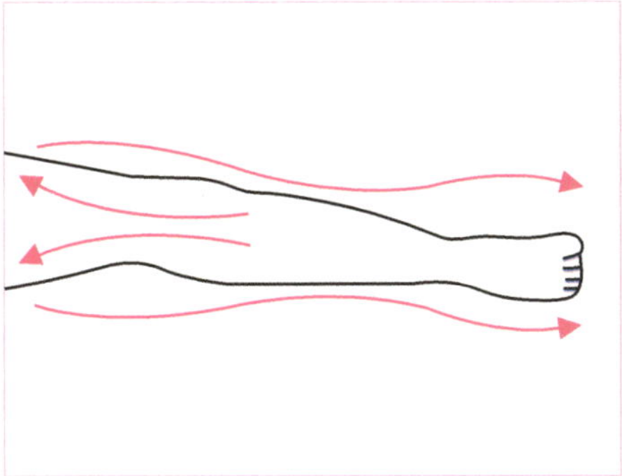

17 하지 쓰다듬기(Effleurage)

발목에서 슬개골까지 쓰다듬기 한다.

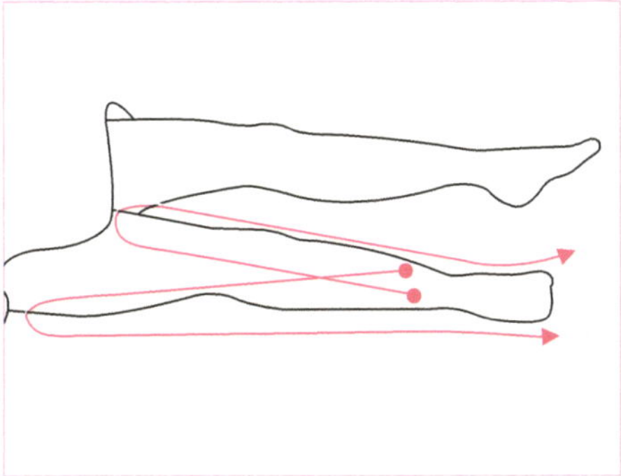

18 쓰다듬기(Effleurage)

발목에서 서혜부까지 쓰다듬기 한다.

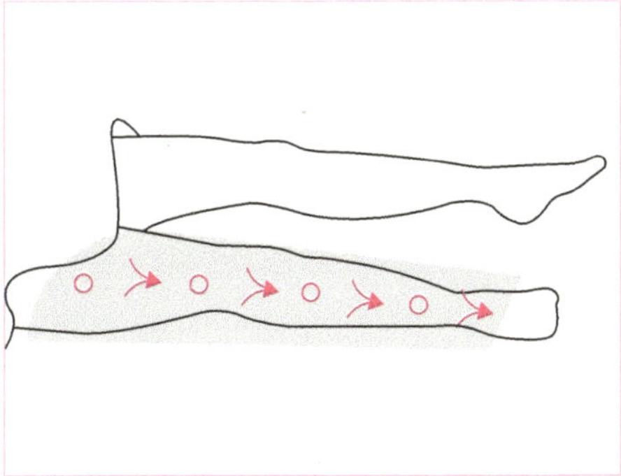

19 마무리

온습포를 사용하여 마무리한다.

8. 다리 전면(상부)

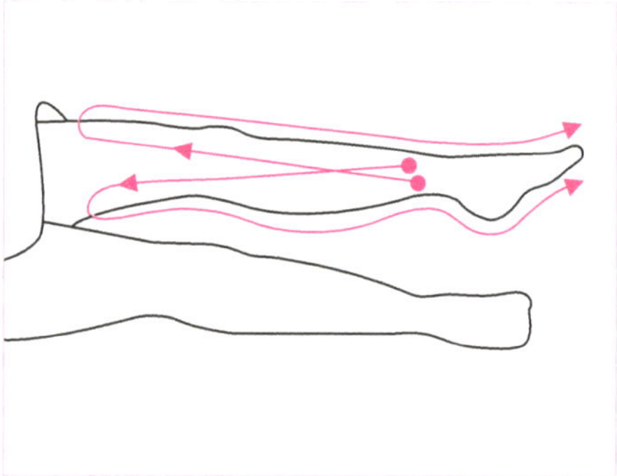

1 쓰다듬기(Effleurage)

발목에서 서혜부까지 쓰다듬기 한다.

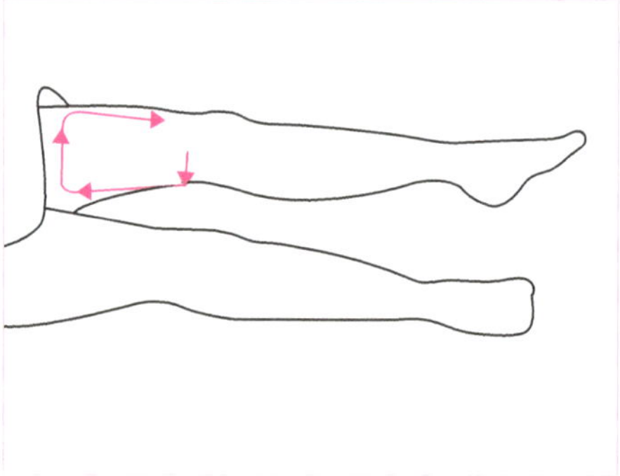

2 상부 쓰다듬기(Effleurage)

수장 부위로 대퇴 사두근을 원을 그리듯이 쓰다듬기 한다.

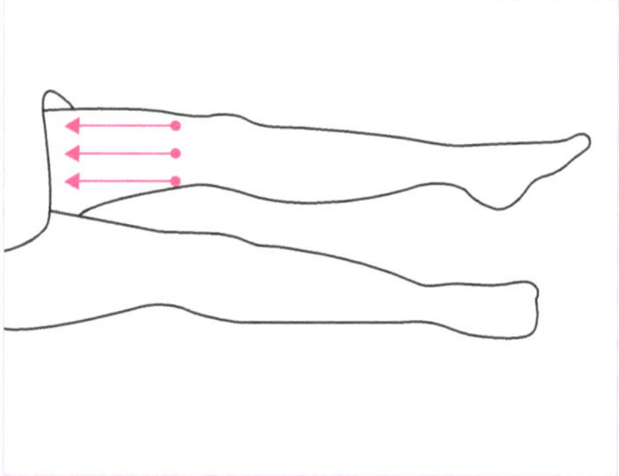

3 엄지 스트로킹(Stroking)

대퇴 사두근을 3등분 하여 모지복으로 깊게 쓰다듬기 한다.

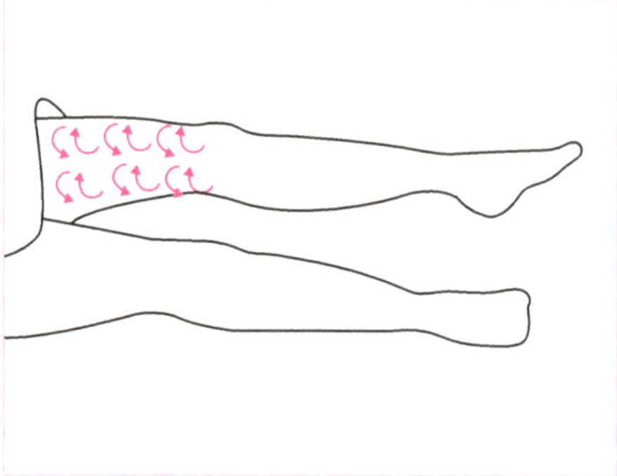

4 반죽하기(Kneading)

대퇴 사두근을 3등분 하여 반죽하기 한다.

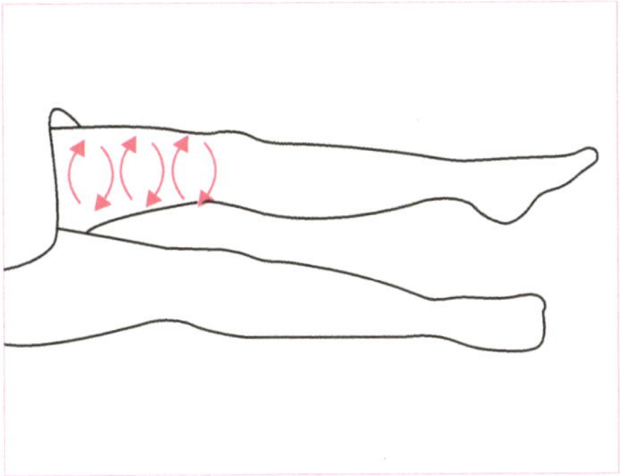

5 스퀴징(Squeezing)

대퇴 사두근 전체를 반죽하기 동작으로 깊게 자극한다.

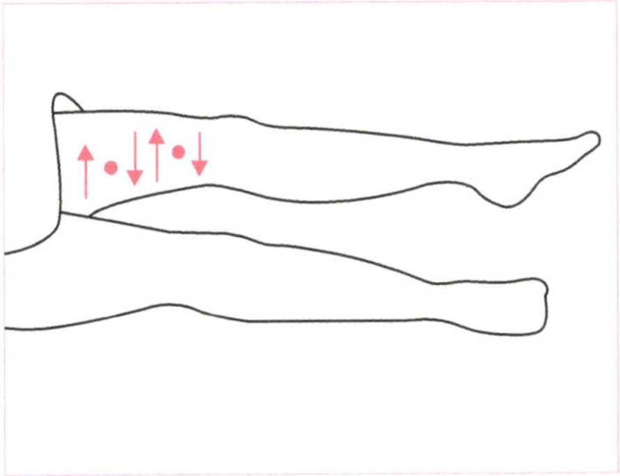

6 밀고 당기고 올리기

한 손은 컵핑(Cupping)으로 상하 방향으로 두드리기 하고, 다른 한 손은 살짝 꼬집듯이 파인스먼트(Pincement) 한다.

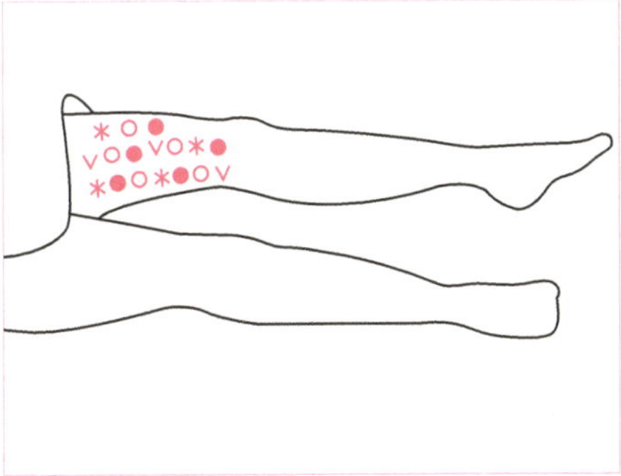

7 두드리기

비팅(Beating), 해킹(Hacking),
컵핑(Cupping), 파인스먼트(Pincement),
태핑(Tapping) 등으로 두드리기 한다.

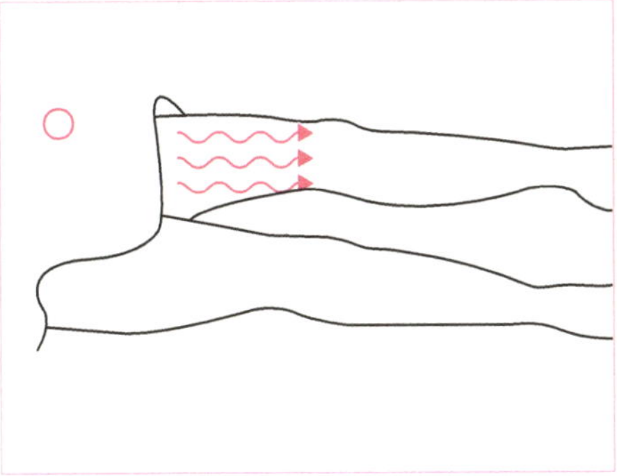

8 진동하기(Vibration)

한 손은 장골능에 올려놓고, 대퇴 사두근을 3등분하여 다른 한 손의 호구 부위로 바이브레이션 한다.

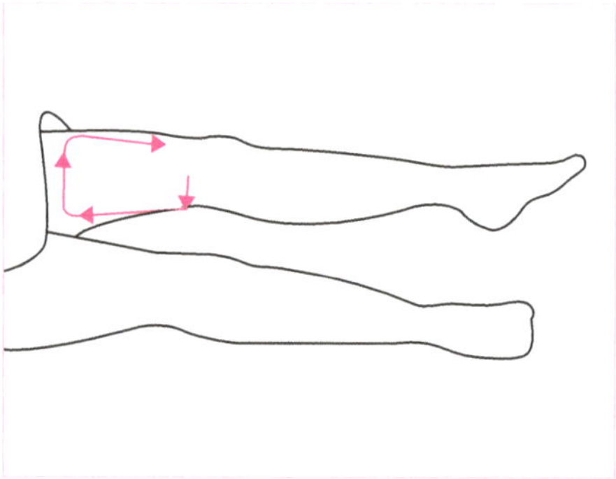

9 상부 쓰다듬기(Effleurage)

수장 부위로 대퇴 사두근을 원을 그리듯이 쓰다듬기 한다.

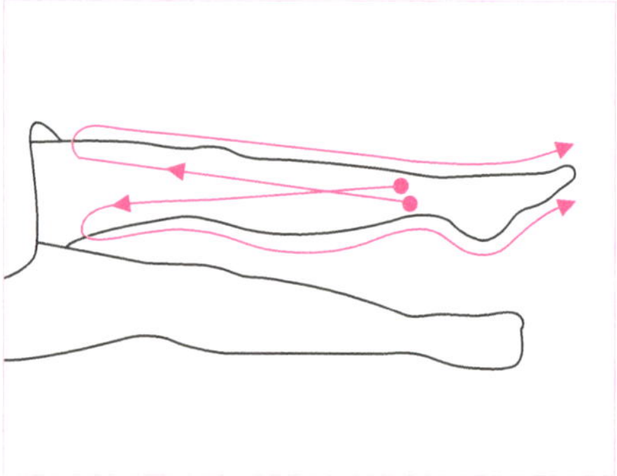

10 쓰다듬기(Effleurage)

발목에서 서혜부까지 쓰다듬기 한다.

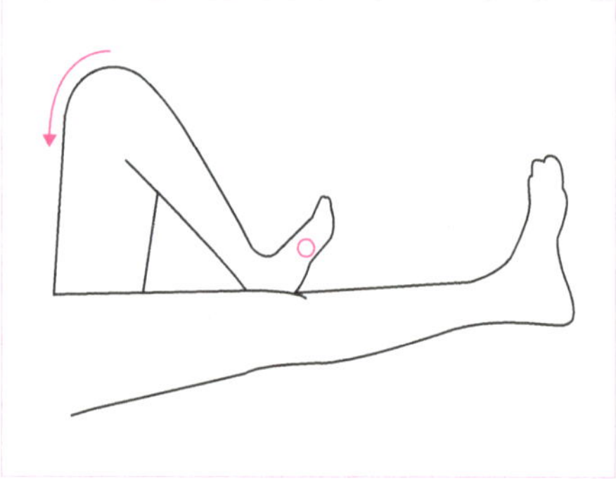

11 힙 스트로킹(Hip-stroking)

다리 전체를 들어 슬개골을 12시, 1시, 3시 방향으로 스트레칭 하여 힙 스트로킹 효과를 준다.

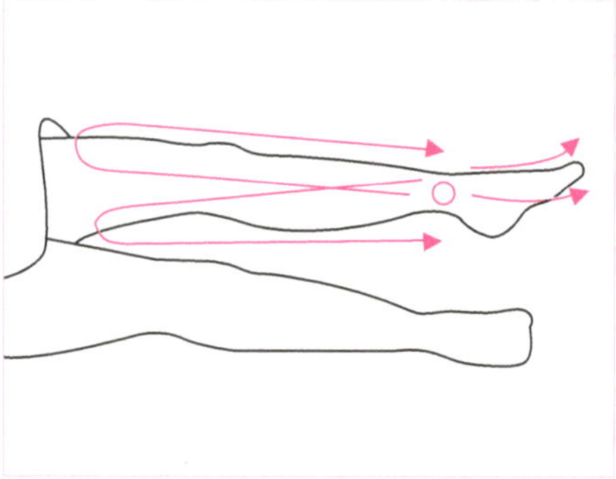

12 전체 다리 트랙션(Traction)

발목에서 서혜부까지 쓰다듬기 한 후 장경인대를 따라 발목으로 내려와 발목을 잡고 당겨주듯이 트랙션 한다.

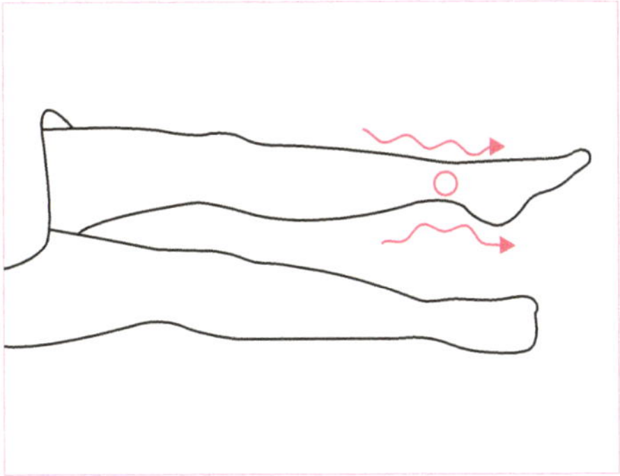

⑬ 진동 효과 주기(Vibration)

한 손으로 발목을 잡고 다리 전체에 잔잔한 진동 효과를 준다.

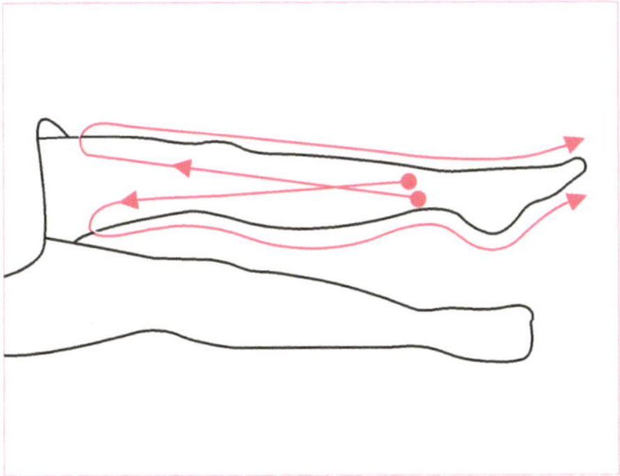

⑭ 쓰다듬기(Effleurage)

발목에서 서혜부까지 쓰다듬기 하고 발끝으로 마무리한다.

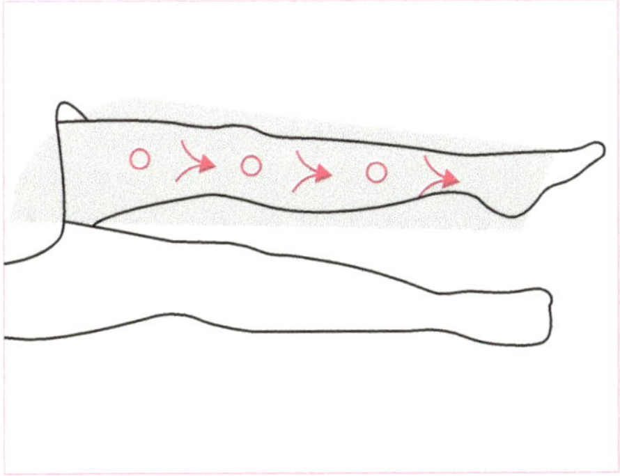

⑮ 마무리

온습포를 사용하여 마무리한다.

** 다리 매뉴얼테크닉 응용 동작

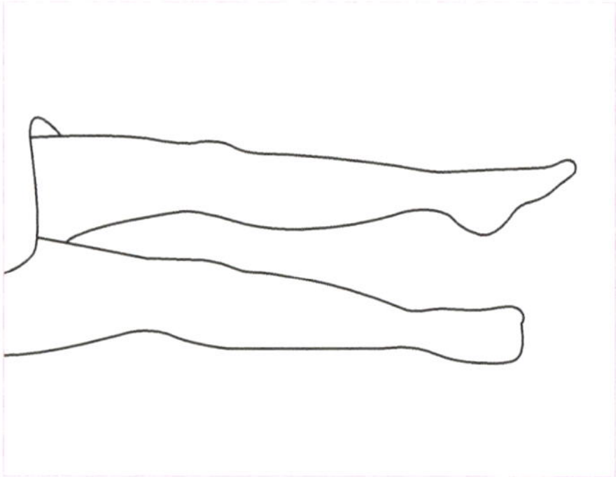

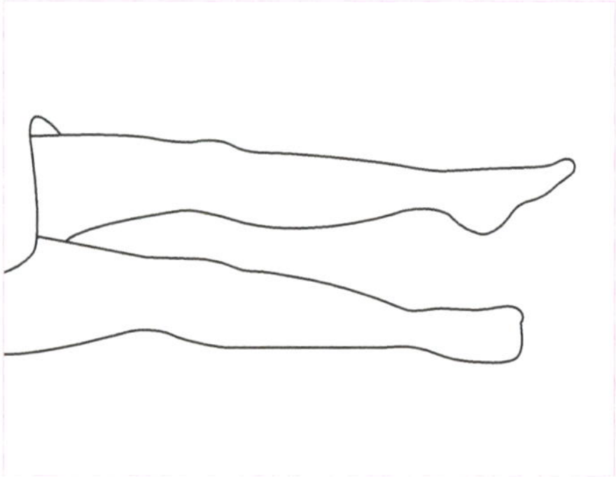

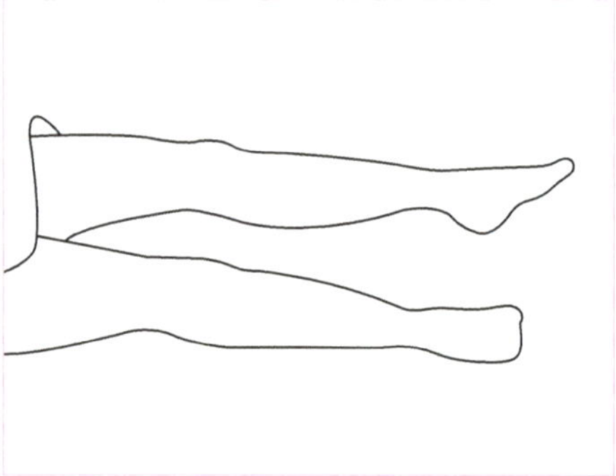

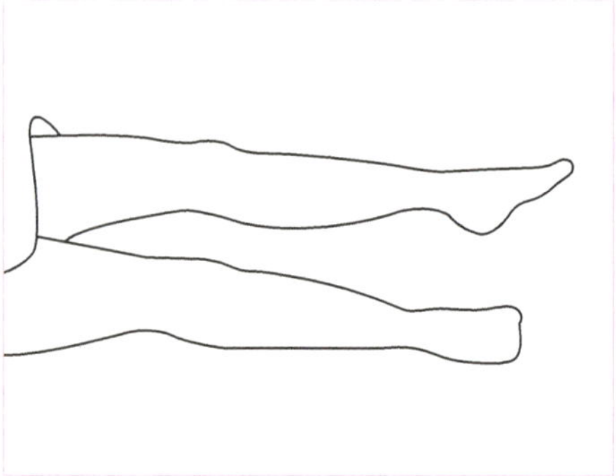

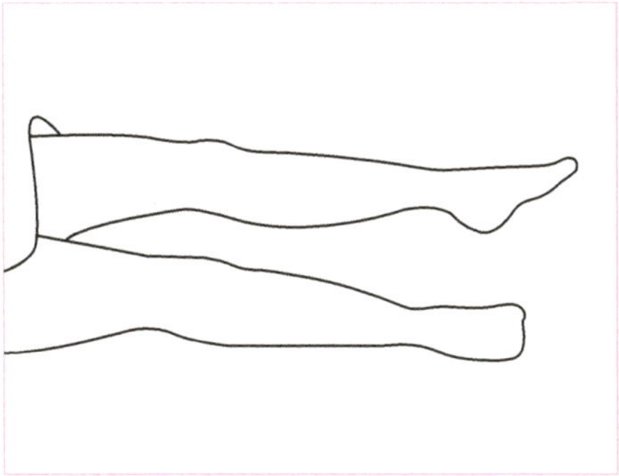

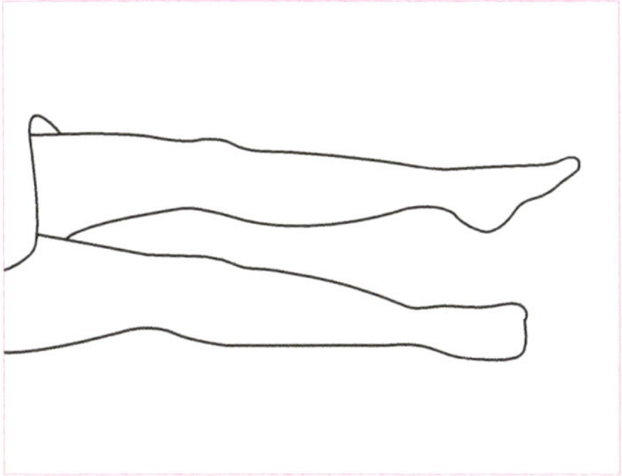

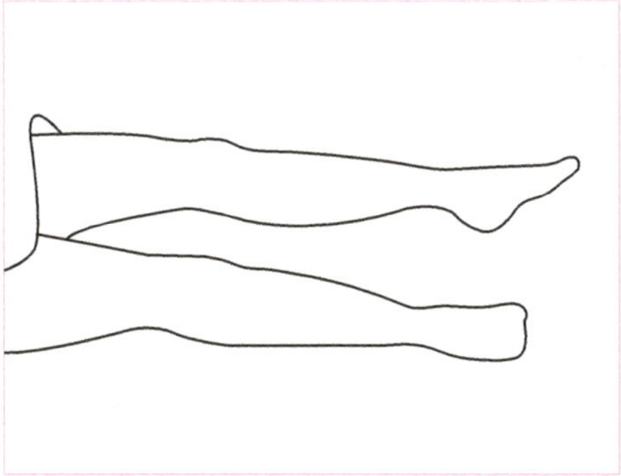

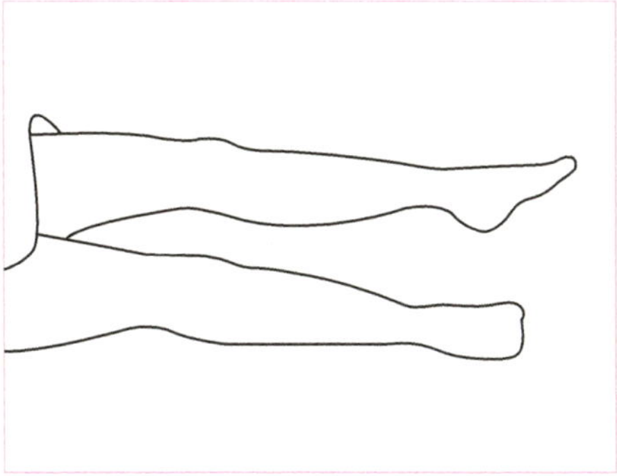

CHAPTER

06 전신관리용 기기

1. 스티머(Vaporizer, Steamer)
2. 진공흡입기(Vaccum suction)
3. 고주파(High frequency) 기기
4. 갈바닉(Galvanic) 기기(이온도입기, 이온영동기)
5. 미세전류(Microcurrent) 관리
6. 초음파(Ultrasound) 관리
7. 저주파 근육자극기
(Neuro muscular electric stimulation)
8. 지레토리 바이브레이터(Gyratory vibrator)
9. 적외선(Intra red ray)
10. 전동 브러시(Frimator)
11. 확대경(Magnifying lamp)
12. 우드램프(Wood's lamp)
13. 피부분석기(Dermascope)
14. 유수분 측정기(Corneometer, Sebummeter)
15. 엔더몰로지(Endermologie) 기기
16. 저주파기기(Low frequency)
17. 중주파기기(Medium wave frequency)

CHAPTER 06 전신관리용 기기

미용기기 관리는 전기적 수단을 통해 피부를 관리 개선하는 것으로 피부에 전기력을 적용할 때 발생하는 인체의 생리적 변화를 통해 소기의 목적을 달성하는 것이다. 인체 내에도 일상 생리 과정 중에 전기가 발생한다.

화장품에 함유된 유효 성분이 피부층으로 흡수되려면 피부층에 함유된 수분의 농도에 따라 단순 확산 또는 촉진 확산 작용에 의해야 한다. 피부층에 존재하는 견제 영역을 통과하려면 화장품의 성분 분자들이 이온화하여 전기영동 현상을 일으켜야 하는데, 이러한 경우 이온화는 피부층에 존재하는 생체전기의 작용이 필요하다.

전기를 이용한 피부미용 기기는 생체전기의 원리를 이용하여 만들어지는데, 한 예로 갈바닉 기기는 피부층에 흐르는 전류의 방향을 인위적으로 조정함으로써 그 전류의 흐름에 따라 화장품의 유효 성분이 피부층 내로 흘러들어 가거나 피부층 내의 대사물질들을 피부 밖으로 유출하도록 한 것이다.

그 외 이온토 기기나 각종 리프팅 기기는 수분이나 화장품 유효 성분들이 피부층 내로 쉽게 흘러들어 갈 수 있게 한 것이다.

필링을 목적으로 한 기기는 각질층에 존재하는 이온 결합을 와해함으로써 각질층의 부착력을 약화시켜 결과적으로 박피작용이 일어나게 한 것이다.

고주파 기기는 고주파 전류를 피부층으로 흘러보내 미세한 전기적 진동을 일으켜 그 진동이 피부층 내의 물질 분자운동을 활발하게 하여 열 에너지를 발생하고, 열에너지가 피부층에 전도되어 온열효과를 가져와 신진대사 활동을 촉진하도록 한 기기이다.

1. 스티머(Vaporizer, Steamer)

피부관리 시 일반적으로 많이 사용되는 기기 중의 하나이다. 가열 센서가 내장된 물통이 부착되어 있어 물통의 물이 센서에 의해 가열되어 증기(혹은 아로마와 함께)를 발생시켜 안면에 분산시킴으로써 각화된 각질세포를 연화시켜 노화 각질 제거에 도움을 주고 피부 이완, 물질 침투 효과를 증진해주는 기기이다. 스티머는 물을 끓여 증기를 방출시켜서 피부 표면에 닿게 되면 혈관이 확장되어 혈액순환이 촉진되고 각질을 연화시키므로 딥클렌징 단계에서 사용하면 효과적이다.

1) 목적 및 효과

① 죽은 각질을 부드럽게 하여 각질 탈락을 용이하게 한다.
모공을 열어주어 모공을 막고 있거나 쌓여 있는 먼지나 피지, 블랙헤드, 메이크업 잔여물 등의 세정을 도와 노폐물 배출과 여드름 압출을 용이하게 한다.
② 습윤작용으로 피부에 보습 효과가 상승되어 일시적으로 잔주름이 완화된다.
③ 혈관을 확장시켜 혈액순환을 활발하게 한다.
④ 신체의 긴장을 풀어주고 각질 탈락으로 다음 관리 단계에 사용하는 제품의 경피 흡수를 돕는다.
⑤ 오존기와 병행하여 사용할 경우 활성산소의 작용으로 살균 효과가 있다.

2) 사용 방법

① 정수기에서 정제된 물을 넣는다.
② 관리 시작 전에 미리 끓여 놓아 관리 시간이 지연되지 않도록 한다.

③ 고객 얼굴에서 30~40cm 떨어진 곳에 고객의 턱으로 스팀의 방향을 고정시켜서 스팀이 얼굴 전체에 골고루 퍼지도록 한다.
④ 피부 유형에 따라 시간을 적절하게 활용하도록 한다(민감성 피부 : 5분, 정상 피부 : 6~10분, 건조 및 노화 피부 : 10분, 여드름 지성피부 : 10~15분).
⑤ 유성 성분이 피부에 있으면 습기가 침투하지 못하므로 피부 분석이 끝난 후 토닝한 상태에서 사용한다.

2. 진공흡입기(Vaccum suction)

피부 표면을 진공 상태로 만들어 세포와 조직에 적절한 압력을 가하여 세포활동을 촉진시켜 대사 과정의 개선과 해당 부위의 세포 간, 조직 간에 정체된 노폐물을 효과적으로 배설시키는데 도움을 주는 기기로 일명 석션기라고도 한다.

진공흡입기는 컵 내의 압력을 감소시키므로 컵으로 피부 조직을 들어올려 림프액의 배수 방향으로 움직여서 림프액을 배수시키는 원리이다. 막힌 모공을 열어주어 여드름 피부와 건조한 피부의 상태를 증진시키기도 한다.

1) 목적 및 효과

① 림프와 혈액의 흐름을 촉진하여 기초대사량을 높인다.
② 모공 깊숙이 클렌징 한다.
③ 건성 피부를 자극하여 혈액순환을 촉진하는 깊은 마사지 효과가 있다.
④ 림프순환을 촉진하여 노폐물제거 효과가 있다.
⑤ 막힌 모공을 청결히 하여 여드름을 감소시킨다.

⑥ 체중 감량 후 피부 탄력을 증가시킨다.
⑦ 연한 지방층의 지방분해 효과가 있다.

2) 사용 방법

① 벤토즈(Ventouse)라는 다양한 모양과 크기로 만들어진 유리컵이 있어 안면과 전신 모두 적절하게 이용할 수 있다.
② 벤토즈(Ventouse)의 20% 이상 피부를 흡입해서는 안 된다.
③ 피부에 도포하는 오일의 양은 컵의 이동이 원활한 정도의 오일을 도포한다.
④ 한 부위를 계속 세게 흡입하면 반상 출혈이 생길 수 있으므로 주의한다.
⑤ 고객에게 사용하기 전에 관리사의 팔에 먼저 테스트한다.

3. 고주파(High frequency) 기기

고주파는 주파수가 10만 헤르츠 이상의 높은 진동률의 테슬러(Tesla) 전류로 파동 주기가 짧아 근육수축을 자극하지는 못하나 피하조직에 열을 발생시키는 기기이다.

인체 조직에 고주파 전류를 통전하면 진동폭이 매우 짧아 화학적 반응, 즉 이온 운동이 전혀 없이 진동전류 에너지는 열에너지로 빨리 전환되는 특징이 있다.

일반적으로 전류는 피부를 통해 인체의 심부로 흐르나 고주파 전류는 일단 전류를 형성시켜 파장을 만들어 일종의 진동에너지인 단파를 발생시켜 전극봉 유리관 내의 공기와 가스가 이온화되어 전류가 유리관을 통하여 피부로 전달되는 원리이다.

고주파를 아르곤(Ar)이나 네온(Ne) 가스가 들어 있는 유리 전극에 통화시키면 보라색 빛을 발생한다. 전극봉 유리관 내의 공기와 가스가 이온화되어 전류가 유리관을 통해 피부로 전달된다.

1) 목적 및 효과

① 여드름 피부에 살균 효과가 있다.
② 피부 조직에 열을 발생시켜 제품의 침투를 돕는다.
③ 혈액순환과 대사를 촉진한다.

2) 사용 방법

적용 방법에는 직접법과 간접법이 있으며, 안면과 전신 모두 사용이 가능하다.

(1) 직접법

전극을 관리사가 잡고 고객의 얼굴에 적용하는 방법으로 자극과 건조 효과가 강하고 지성 피부, 손상된 피부, 농포에 사용한다. 직접 적용 시 피부 표면과 전극봉이 약 1mm 정도 간격을 유지하면 효과를 증대시킬 수 있으므로 피부 표면에 안면용 거즈를 덮고 사용한다. 스파클링 기능에 의한 오존 형성과 열, 자외선에 의한 세균 살균 효과가 있어 염증성 여드름 흉터 개선에 도움을 주고, 피부 신경종말 자극으로 모공 수축을 한다.

근육 내 열발생이 신진대사 촉진을 증가시켜 산소 및 영양공급과 노폐물 배설을 증진시킨다. 열생산에 의한 혈액순환 촉진과 피지선 활동 증가로 건성 피부에 윤기를 부여하고, 미열은 신경종말을 진정시켜 편안한 느낌을 갖게 한다.

(2) 간접법

고객이 전극을 잡고 관리사가 관리 부위를 마사지(Viennese Massage)한다.

스파킹으로 박테리아를 없애므로 살균작용을 하고 건조 효과가 있어 여드름 압출 후 삼출물을 건조시킨다. 혈액순환 증가로 약간의 홍반 현상이 나타나며 근육 내 상태의 온열 효과 현상으로 영양 및 산소 공급 증가와 노폐물 배설 속도가 증가되어 근육 상태 호전으로 노화와 건성 피부를 개선시킨다.

4. 갈바닉(Galvanic) 기기(이온도입기, 이온영동기)

화학적 효과를 나타내는 직류전류를 이용하여 제품 내 이온 물질의 침투가 용이하도록 하는 기기이다.

갈바닉 전류는 60~80V의 미세한 직류전류로 60% 이상의 수분을 함유하고 있는 인체를 통과할 때 성질이 다른 음극과 양극에 의하여 화학작용을 한다.

갈바닉 전류는 낮은 전압의 직류가 통과되는 것으로 모든 피부에 사용되고 극의 성질에 따라 다른 효과를 본다. 금속이나 고체 전도체에서 전자는 한 방향으로 흐르지만, 전해질에서는 한 방향 또는 양쪽 방향으로 흐른다. 갈바닉 기기를 이용하여 피부 침투가 어려운 수용성 제재의 유효 성분을 흡수시키는 이온토포레시스(Iontophoresis) 관리와 피부 내의 노폐물을 밖으로 배출시켜 제거하는 디스인크러스테이션(Desincrustation) 관리가 있다.

1) 이온토포레시스

피부 흡수가 어려운 이온성 물질, 즉 겔, 앰플, 세럼, 비타민 C 등의 수용성 영양 농축액의 유효 성분을 피부 깊숙이 침투시키는 관리방법을 말한다. 혈액순환과 세포의 신진대사 향상과 피부 속의 수화작용 및 수분 흡수력을 증가시키며 피부 재생 능력 향상에 효과가 있다.

2) 디스인크러스테이션

안면 박리 또는 노폐물 제거라고 하는 딥클렌징 단계로 음극봉에서 발생되는 알칼리(NaOH, 수산화나트륨)에 의해 피지를 유화시켜 용해하고 각화된 각질세포 제거와 모공 속의 노폐물 제거에 효과적인 관리 방법이다. 주로 식염수나 세정 앰플을 이용하여 복합성 피부의 T-zone 부위, 지성, 여드름 피부의 과잉 피지 제거에 이용된다. 전극봉은 반드시 음극으로 실시하되 고객은 반대 극성의 전극판을 손에 쥐거나 팔뚝 또는 등에 부착하도록 한다.

(1) 목적 및 효과

① 음극(-)은 클렌징 효과, 양극(+)은 피부로 성분을 침투시키는 효과가 있다.
② 이온토포레시스를 통해 건조, 노화 피부에 수화작용과 보습작용과 손상, 노화 피부에 재생 효과가 있다.
③ 피부 기저층의 미세 분열을 촉진하는 박리 효과가 있다.

(2) 사용방법

① 디스인크러스테이션

- 딥클렌징 단계에 적용
- 알칼리 용액을 (-)극을 사용하여 3분 정도 적용
- 해면이나 화장솜으로 깨끗이 닦아내고 딥클렌징 과정을 적용시킨다.
- 다시 (+)극으로 모공을 닫아주고 마무리한다.

② 이온토포레시스

- 산성 용액을 피부에 도포하고 (+)극을 사용하여 3분 정도 적용
- 수화 능력을 향상시키고, 미백 및 탄력 효과를 줄 수 있다.
- Vit C 관리 시 미백 효과 뿐만 아니라 살균효과도 줄 수 있다.

5. 미세전류(Microcurrent) 관리

미세전류는 신경근육 자극기로 근육을 보호하고 유지해주는 힘줄을 자극하므로 안면근육의 윤곽을 잡아주고 탄력 관리에 사용한다.

1) 목적 및 효과

① 늘어진 피부를 단단한 근육 톤으로 증진하고 주름을 개선한다.
② 순환을 촉진하여 피부에 영양을 공급하고 노폐물의 배출을 돕는다.
③ 지친 피부를 자극하고 피부색을 개선한다.
④ 세포 재생을 촉진하여 노화를 지연시킨다.

2) 사용방법

(1) 디스크 전극봉

① 활동 전극은 근육의 운동점에 비활동 전극은 팔에 감아 사용한다.

(2) 안면 전극봉

① 플라스틱에 활동 전극과 비활동 전극봉이 함께 내장되어 있어 여러 개의 근육을 동시에 수축할 수 있다.

(3) 안면 마스크

① 얼굴 전체를 덮을 수 있는 마스크에 전극봉이 붙어 있어 근육들이 동시에 자극을 받게 된다.
② 탄력 저하, 노화 피부에 사용하고 안면근육이 약화되어 윤곽이 상실된 경우 세포기능을 촉진하기 위해 사용한다.

6. 초음파(Ultrasound) 관리

초음파는 진동 주파수가 17,000~20,000Hz 이상의 진동음으로 인간의 귀로 들을 수 없는 불가청 진동음파로서 인체 조직과 피부 세포 간에 아주 미세한 진동을 일으켜 열과 역학적 에너지를 생산해 내는 음향 에너지이다. 이러한 음향 에너지는 조직 속 분자에 진동을 일으켜 열과 역학적 에너지를 생산하고 인체 신진대사를 촉진하여 피부 미용적 효과를 나타낸다. 초음파는 공기보다 액체나 고체 내에서 쉽게 전달된다. 초음파 전극과 피부 사이에 물을 개재시킨 상태에서 높은 진동을 일으키면 물 분자에 그 진동이 전달된다.

1) 목적 및 효과

① 섬유아세포의 활성화로 콜라겐과 엘라스틴의 생성을 증가시켜 피부 주름이나 여드름 흉터를 완화한다.

② 마사지 효과로 모공과 한공의 노폐물을 제거하여 피부 상태를 개선한다.

③ 온열 효과
- 혈관 기능 강화, 혈액 및 림프순환 촉진, 신진대사 증진

④ 물리적 효과
- 진동에 의한 피부 세정작용, 진동에 의한 피부 조직 미세 마사지 작용, 진피세포 활성화에 의한 탄력 증가, 영양공급 가속화에 의한 근육 조직의 강화

⑤ 화학적 효과
- 피부의 pH 균형 조절, 결체 조직 재생작용, ATP 활성 증진, 지방 분해작용

2) 사용 방법

① 사용 전에 클렌징을 한다.
② 전용 젤을 전극에 도포한 다음 강도를 조절하면서 시술을 시작한 다음 깨끗이 닦아준다.
③ 초음파 기기 사용 시 전용 젤을 도포하는 이유는 초음파의 경우 전자파와 달리 에너지가 조직에 전달되기 위하여 초음파 변환기(헤드 부분) 표면과 피부표면 사이에 전달 매개 물질이 존재해야만 표면 사이에 존재하는 공기에서 현저하게 감소되는 초음파 에너지를 방지할 수 있기 때문이다. 공기 중에서의 피부 표면은 초음파 에너지가 거의 100% 반사되는 성질이 있기 때문에 헤드와 피부 사이의 공기층을 없애 반사를 최소화하고 전도성을 높이기 위하여 젤을 사용하게 된다.
④ 시술 시간은 1회 15분을 넘지 않는다.

7. 저주파 근육 자극기 (Neuro muscular electric stimulation)

근육 자극기는 전기적인 파동으로 운동신경을 자극하여 근육의 수축을 유발한다. 기기에 생성된 전기신호로 뇌로부터 전달되는 것과 같은 운동신경을 자극하여 근육의 수축을 유도한다. 이때 사용되는 전류는 저주파 전류로 골격근에 효과가 있으며 주파수는 1~100Hz 사이의 주파수가 이용된다. 사다리꼴 모양의 주파 형태를 이용하여 수직 근육 운동과 비틀림 근육 운동을 통해 근육을 강화시킨다.

1) 목적 및 효과

① 신경 자극으로 근육을 강화한다.
② 체중 감량 후 처진 근육을 강화한다.
③ 순환을 촉진하고 울혈제거 효과가 있다.
④ 신체 부위별 슬리밍(Slimming)과 퍼밍(Firming) 효과가 있다.

2) 사용 방법

① 수축과 이완 시간을 적절히 조절하여야 한다.
② 파장을 선택한다(모노페이직, 바이페이직).
③ 근육표면자극(120Hz), 강한 자극(60~90Hz), 바디세이핑(10~60Hz), 지방분해(10Hz)로 주파수를 조절한다.
④ 근육 부위에 따라 패딩 방법을 선택한다.
⑤ 1회 관리는 15~20분 이하로 한다.
⑥ 근육의 운동점을 찾아 패드를 붙인다.
⑦ 피부에 유분기가 있거나 전극이 말랐을 경우, 전극의 위치가 잘못 부착된 경우 근육의 수축이 일어나지 않는다.

8. 지레토리 바이브레이터(Gyratory vibrator)

일반적으로 G-5라 부르며 모터가 돌아가는 원리에 의해 진동을 일으키며 손으로 하는 마사지와 동일한 효과가 있다. G-5는 근육의 긴장을 완화시켜 뭉친 곳을 풀어주고 순환을 촉진하고 각질제거 효과와 국소적인 지방의 감소 효과가 있다.

1) 목적 및 효과

① 근육에 쌓인 젖산의 분해가 빨리 일어나며 근육 이완과 근육통 완화에 효과가 있다.
② 순환을 촉진하여 노폐물 배출 속도를 증가시킨다.
③ 헤드의 마찰에 의한 피부 박리 효과로 피부결이 좋아진다.
④ 건성, 거친 피부를 개선한다.

2) 사용 방법

① 헤드의 선택에 따라 스펀지 헤드는 심장 방향으로 쓰다듬기에 사용하고, 피부에 파우더를 바른 후 사용한다.
② 고무 헤드는 반죽하기와 마찰하기에 사용한다.
- 쓰다듬기 : 스펀지 헤드(Sponge head),
  커버진 헤드(Curved head)
- 반죽하기 : 싱글(Single), 더블볼(Double ball) 헤드
- 깊은 반죽 : 에그 박스(Egg box)
- 두드리기 : 브러시 헤드(Brush head)

9. 적외선(Intra red ray)

적외선은 자연광인 태양을 비롯하여 가스, 전열기구, 조명 등 여러 가지가 있으며 적외선 관리는 자외선, 가시광선과 함께 피부관리 분야에서 열관리 중 조사열의 대표적인 것이라 할 수 있다. 피부의 온도를 상승시켜 열선이라고도 부르며, 열의 전도와 순환 체액에 의해 심부 조직으로 전달된다. 혈액순환을 촉진하고 노폐물의 배출을 돕는다.

1) 목적 및 효과

① 열을 발생시켜 깊은 조직까지 열을 전달한다.
② 감각 종말신경을 진정시키고 근육의 경직을 풀어 유연하게 하며 통증을 완화한다.
③ 한선의 작용을 증가시켜 노폐물을 제거한다.
④ 열이 식균작용을 증진시켜 염증 부위에 배농을 용이하게 하고 저항력을 증가시킨다.

2) 사용 방법

① 고객의 입술과 눈에 젖은 면 패드를 덮어 보호한다.
② 램프는 관리 부위와 평행으로 놓아 90도 각도로 적용하여 최대의 효과를 얻는다.
③ 고객과 램프 사이의 안전거리를 램프의 출력과 고객이 느끼는 민감도에 따라 49~90cm로 안전거리를 유지한다.
④ 조사 시간은 15분 정도이며 조사 도중에도 고객의 상태를 자주 점검한다.

10. 전동 브러시(Frimator)

피부관리의 과정에서 청결한 클렌징 과정을 위하여 브러시(Brush)가 부착된 전동 브러시를 사용하면 물리적 세척 효과를 증진하게 된다. 피부에 자극이 적은 부드러운 천연모를 재료로 전동기의 회전 원리를 이용하여 모공의 피지와 불필요한 각질 제거를 위한 세안 전용 기기로서 주로 딥클렌징의 효과를 나타내는 편리한 기본관리 기기이다.

1) 목적 및 효과

① 묵은 각질 제거 목적으로 피부 표면의 더러움을 제거한다.
② 피부 표면의 털구멍과 땀구멍과 같은 굴곡 부위까지 섬세한 세안 효과와 노화된 불필요한 각질 제거가 깨끗한 피부로 가꾸어 준다.

2) 사용 방법

① 부위별 사용 순서는 일반적으로 목에서부터 시작하여 턱, 뺨, 입술 주위, 코, 이마 순으로 실시한다.
② 주로 여드름과 민감성 피부, 모세혈관 확장 피부를 제외하고는 모든 피부에 적용할 수 있다.
③ 브러시 끝을 미지근한 물에 약간 적신 후 피부 표면에 수직으로 세워 접촉시킨 후 가볍게 원을 그리며 위치를 이동한다.
④ 둥근 솔은 안면용, 롤러 솔은 전신용, 노화된 각질 제거에 스펀지는 안면용, 석고 재질은 발 관리용으로 사용된다.

11. 확대경(Magnifying lamp)

확대경은 육안으로 관찰할 때보다 3~5배로 확대시켜 보여주므로 피부의 문제점이나 결점 등을 관찰할 때 사용된다. 확대경에는 형광램프가 부착되어 있어 피부를 관찰할 때 외에도 여드름을 압출할 때에 부분 조명으로도 사용할 수 있다.

1) 목적 및 효과

① 피부의 문제점을 관찰할 수 있다.

② 잔주름, 모공의 크기 관찰에 사용한다.
③ 면포 제거 시 효과적이다.
④ 고객의 눈에 아이패드를 얹어 빛이 눈에 직접 닿지 않게 한다.
⑤ 불을 켠 후에 고객 얼굴로 옮긴다.

12. 우드램프(Wood's lamp)

자외선을 이용한 광학 피부 분석기로 피부의 표면과 심층의 피부를 분석할 수 있다. 자외선은 피부의 보습, 민감한 정도, 피지, 여드름, 염증, 색소침착 등의 피부를 다양한 색상으로 나타내 준다.

1) 목적 및 효과

① 피부 상태에 따른 색상 표현으로 피부 표면뿐만 아니라 심층의 피부를 분석할 수 있다.
② 육안으로는 보이지 않는 결점까지 확인할 수 있다.

2) 사용 방법

① 정확한 피부 분석을 위해 클렌징 후에 사용한다.
② 눈에 빛이 들어가지 않게 아이패드를 올려 놓은 후 사용한다.
③ 실내등을 끄거나 검은 천으로 후드를 덮은 어두운 상태에서 피부를 관찰한다.

13. 피부 분석기(Dermascope)

피부 분석기는 피부와 두피, 모발의 상태를 30~800배 가량 확대하여 관찰할 수 있다. 조직을 관찰하고 모니터에 나타난 영상을 프린터를 통해 출력할 수 있으며 일반적으로 모공의 크기, 두피의 혈액순환 상태, 모근, 모발의 큐티클 상태를 관찰할 수 있다.

14. 유수분 측정기(Corneometer, Sebummeter)

수분 측정기는 콘덴서의 원리를 이용하여 전극 사이에 접촉되는 피부 표면의 수분 정도에 따라 정전 용량이 변하게 된다. 정확한 측정을 위해서는 낮은 온도, 습도는 부적절하며 온도 20℃, 습도 40~60%의 정상적인 대기 환경이 적절하다.

유분 측정기는 유분을 측정하는 테이프로 유분 변화에만 감응하는 특수한 측정 장치를 사용한다. 피부 표면의 유분은 수분과 마찬가지로 외부의 영향에 따라 함량의 변화가 심하기 때문에 정확한 데이터를 얻기 위해서는 세안 2시간 후 메이크업을 하지 않은 상태에서 측정하는 것이 이상적이다. 온도 20℃, 습도 40~60%의 정상적인 대기환경이 적절하다.

15. 엔더몰로지(Endermologie) 기기

엔더몰로지는 프랑스의 공학자인 Louis Paul Guatay에 의해 재활치료용으로 개발되었으나 비만으로 인한 셀룰라이트 제거와 국소 부위의 크기 감소에 탁월한 효과를 발견하게 되면서 비만으로 인한 피부의 결합 조직 내 병변을 치료한다는 의미로 '엔더몰로지'라는 이름을 얻게 되었다.

진공펌프에서 나오는 음압이 볼과 롤러를 통해 피부의 결합 조직에 근육의 수축, 이완, 압박, 당김 등 인위적 물리 자극을 줌으로써 조직이 화학적, 구조적으로 변화하여 셀룰라이트와 지방을 효과적으로 파괴한다. 롤러의 감압으로 느슨해진 조직에 정체물이 제거되므로 조직이 탄탄한 구조로 재구성되고, 지속적인 근육과 근막을 자극함으로써 신경을 자극, 이완시킨다.

16. 저주파 기기(Low frequency)

저주파 기기는 저주파(1~1,000Hz)를 근육에 전기자극을 가하여 근육을 운동시켜 지방을 에너지로 생성, 발산하게 하는 원리를 이용한 것이다.

근육운동을 시켜주는 파라딕(faradic) 주파에 사다리꼴 형태의 주파 웨이브를 이용하여 근육을 수축 운동과 비틀림 운동을 함께 병행하게 하여 최대한 근육 운동을 할 수 있게 하여 단시간 내 관리를 통하여 효과적인 에너지 발산을 통하여 크기 변화를 유도하는 기기이다.

단시간 내 최대한 운동 효과를 통하여 즉각적인 비만관리 효과를 기대할 수 있다. 최대한의 지방 연소로 비만관리와 동시에 탄력 증진 효과로 탄력관리 병행이 가능하다. 체지방 감소와 국소 부위의 크기 감소 효과를 얻을 수 있다. 불필요한 부분과 노폐물 배출 효과로 신체 정화 효과가 탁월하다.

관리에 사용되는 주파수는 400Hz 또는 600Hz 중에서 요구되는 관리 효과에 따라 선택한다. 피부 조직에 탄력이 없어 심하게 늘어진 경우에는 먼저 600Hz로 관리한 후 400Hz로 관리한다.

400Hz : 슬리밍을 더 필요로 하는 경우에 사용된다.

600Hz : 주로 출산 후 탄력을 잃어버린 고객이나 40대 중년 주부의 근육 조직의 탄력이 저하된 경우에 몸에 탄력과 함께 비만을 관리하는 데 사용한다.

17. 중주파 기기(Medium wave frequency)

중주파 기기는 1,000~10,000Hz의 교류전류를 이용하는 기기로 4,000Hz와 4,1000Hz의 중주파의 간섭 현상으로 1~100Hz 사이의 간섭 전류를 유발하여 심부 조직에 대한 저주파 기기 사용 시 근육수축으로 오는 통증의 한계성을 배제한 기기이다.

CHAPTER

07

전신관리 화장품의 기능과 종류

1. 전신관리의 단계별 사용 제품 및 목적
2. 클렌징 제품
3. 바디 토너(Body toner)
4. 마사지 오일(Massage oil)
5. 마스크(Mask)
6. 전신관리에 사용되는 화장품 성분

CHAPTER 07

전신관리 화장품의 기능 및 종류

1. 전신관리의 단계별 사용 제품 및 목적

① 1차 세정 -클렌징

② 2차 세정-딥클렌징

③ 보습-피부 표면의 pH 조절 및 보습

④ 마사지-혈액순환, 탄력 및 슬리밍

⑤ 마스크-영양 공급 및 청정작용

⑥ 보호-보습 및 보윤

2. 클렌징 제품

1) 클렌저(Cleanser)

(1) 종류

① 폼 클렌징, 클렌징 오일

(2) 목적

① 피부 표면에 과하게 쌓인 각질과 노폐물을 제거하고 다음 관리 단계의 효과를 증대시킨다.

② 스크럽 타입과 건조한 피부에 효과적인 클렌징 오일을 주로 사용한다.

(3) 사용 방법

① 클렌징 폼은 적당량을 덜어 물과 혼합하여 사용한다.
② 클렌징 오일은 적당량을 고르게 도포한 다음 손끝에 물을 적셔가면서 가볍게 마찰하여 노폐물을 제거한다,

2) 딥클렌저(Deep cleanser)

(1) 종류

① 바디 스크럽, 브러시, 드라이 브러시, 천연 염 스크럽

(2) 사용 방법

① 바디 스크럽제와 드라이 브러시는 물리적인 딥클렌징 방법이다.
② 스크럽제는 알갱이가 함유되어 있으며, 스펀지 또는 스톤 브러시는 브러싱 기기를 이용하고 각질 제거용 패드나 수세미 스펀지를 사용하여 드라이 브러시를 실시한다.
③ 바디 스크럽제는 물에 적셔가며 가볍게 문지르고, 브러시는 폼 클렌징 제품을 도포한 후 브러시 끝에 물을 적셔가며 브러싱 기기를 이용하여 노폐물을 제거한다.

3. 바디 토너(Body toner)

1) 목적

① 클렌징 후 클렌징 제품과 잔여 노폐물 제거 및 pH 밸런스 유지를 목적으로 사용한다.

2) 사용 방법

① 클렌징 후 화장솜에 적셔 가볍게 닦아낸다.
② 피부관리의 한 단계가 끝날 때마다 화장솜에 적셔 가볍게 닦아낸다.
③ 보습 및 피부관리 마무리 단계에서는 가볍게 두드리며 흡수시킨다.

4. 마사지 오일(Massage oil)

1) 종류

① 식물성 오일, 에센셜 오일

2) 사용 방법

① 주로 식물성 오일을 사용하며, 에센셜 오일을 혼합한 바디 전용 마사지 오일 또는 관리 목적에 따라 에센셜 오일을 식물성 오일과 블랜딩하여 사용한다.
② 적당량을 전신에 도포하여 부드럽게 마사지한다.

5. 마스크(Mask)

1) 크림 타입 마스크

① 피부 유형과 관리 목적에 따라 다양한 유효 성분을 함유하고 있다.
② 사용이 간편한 제품으로 피부관리실에서 가장 보편적으로 사용하는 제품 형태이다.

2) 분말 타입 마스크

① 분말 형태로 되어 있는 마스크제로 증류수나 전용 혼합 용액을 함께 사용한다.

② 대표적으로 클레이(Clay) 마스크와 해초 마스크가 분말 형태로 되어 있다.

3) 벨벳 마스크(Collagen velvet, Collagen sheet)

① 콜라겐을 주성분으로 한 패치 타입의 마스크 제품이다.

② 수분을 집중적으로 공급하여 피부의 탄력을 증진시켜 주는 효과가 있다.

③ 모든 피부에 사용이 가능하며, 특히 전신이 심하게 건조할 때 사용하면 효과적이나 가격이 비싸 보편적으로 전신에 주로 사용하는 마스크 종류는 아니다.

④ 사용 방법

- 벨벳 마스크를 관리 부위 위에 얹어 놓고 증류수 또는 전용 용액을 브러시에 적셔 마스크를 피부에 밀착시킨다.

4) 파라핀 마스크(Paraffin mask)

① 대표적인 웜 마스크(Warm mask)로 뛰어난 수분 보유 효과를 가지고 있어 얼굴관리, 손, 발관리에 사용한다.

② 사용 방법

- 고형의 파라핀을 파라핀 워머기에 녹여 따뜻한 액상 상태로 사용한다.
- 관리 부위에 먼저 앰플을 침투시키고, 영양크림으로 보호막을 형성한 후 거즈를 부착시키고 그 위에 따뜻한 액상 파라핀을 도포한다.

5) 알개 마스크(Algae mask, Seaweed mask)

① 해초에서 추출한 알긴산을 주성분으로 한다.

② 사용 방법

- 관리 부위에 앰플이나 바디 컨디셔너를 바른 후에 해조 마스크 분말을 증류수에 혼합하여 걸쭉한 상태로 만들어 스패튤라 또는 브러시를 이용하여 도포한다.
- 도포 후 20분 정도 경과되면 고무 형태로 응고되기 때문에 모델링 마스크(Modelling mask)라고 한다.

6) 석고마스크(Gypsum mask, Modelling mask)

① 석고 분말을 물에 개어서 피부에 도포한다.

② 피부 표면의 온도를 높이는 작용으로 제품의 유효 성분을 피부 안으로 침투시키는 효과를 가지고 있다.

③ 사용 방법

- 관리 부위에 앰플을 바르고 거즈를 밀착시킨 다음 그 위에 영양크림을 충분히 도포한다.
- 헤어가 있는 부위는 마사지 크림이나 바세린을 도포하거나 화장솜으로 커버한다.
- 물에 개인 석고 분말을 빠른 시간 안에 고르게 도포한다.

6. 전신관리에 사용되는 화장품 성분

1) 비만 관리용 화장품 성분

비만(Obesity)이란 소비 에너지보다 더 많은 에너지를 섭취하여 여분의 에너지가 중성지방으로 전환되어 지방조직에 축적되고 체지방이 과다한 상태로 체중이 표준체중에 비하여 20% 이상 증가한 상태를 말한다. 비만은 대사와 조절의 내분비 기능에 영향을 미치는 유전적 요인과 환경적 요인에 의해 발생하는 것으로 알려져 있으나, 결과적으로 비만은 에너지 균형의 이상에서 발생된다. 비만은 외모 손상뿐 아니라 행동의 불편과 무력, 질병 및 사망률의 증가 요인으로 간주되고 있다. 최근 비만인 체질은 당뇨, 고혈압, 심장병 등의 성인병의 발병률이 마른 사람보다 10~15% 이상 높고 평균 수명도 짧다는 연구결과도 발표되고 있다.

(1) 해조(Sea weed)

해조에는 효소와 비타민(A, B_1, B_2, B_6, B_{12}, C, D, E, F, K, P), 미네랄, 아미노산, 탄수화물, 지방, 엽록소 등이 함유되어 있다.

해조를 통한 전신관리 효과로 인체 내 노폐물 배출, 독소의 정체 해소, 셀룰라이트 관리 등이 있다. 미네랄과 산소 공급 및 독소, 노폐물을 제거함으로써 신진대사 기능을 활성화시킨다.

(2) 올리고머(Oligomer)

올리고머는 동결 건조한 해수의 농축물로서 마그네슘, 염소, 황산이온, 칼륨, 칼슘, 나트륨 등을 함유하며 생명에 없어서는 안 되는 미량원소가 다량 함유되어 있다. 올리고머는 104종의 미량 원소, 미네랄을 함유한 해수의 농축물로서 신체의 밸런스 유지 및 대사기능을 촉진하고 노폐물 배출을 용이하게 한다. 특히 마그네슘, 규산염은 산소 촉진, 열 발생을 도모하여 피부에 탄력을 부여한다.

2) 튼살 관리용 화장품 성분

튼살은 '팽창선조' 라고 하는 피부질환으로 체중 변화가 클 때, 변비, 복부 비만, 골반 불균형, 임신 등이 주요 원인으로 작용하며, 스테로이드 제제를 장기간 복용할 때 나타나기도 한다.

튼살은 갑자기 과도한 힘이 피부에 장기간 영향을 주거나 체내

부신피질 호르몬이 증가함에 따라 진피 내 콜라겐 섬유가 파괴되어 나타나게 된다. 그 결과 피부는 탄력을 잃고 세포 활성이나 재생이 부족해지게 되고, 탄력을 잃게 된다. 튼살은 일반적으로 엉덩이와 허벅지처럼 지방층이 가장 두꺼운 부위에서 피하 근육과 지방이 단단하게 결합하여 결을 이루기 때문에 울퉁불퉁해 보인다.

튼살 관리용 화장품은 콜라겐 합성을 촉진하여 피부조직을 강화하고 섬유아세포의 자극으로 튼살 조직을 재생하며 콜라겐, 엘라스틴 분해 효소 억제로 탄력을 유지할 수 있게 한다.

① 팔마로사 - 재생

② 알긴이트 - 순환 촉진, 강화

③ 규조류, 에파린 - 강화, 재생

④ NMF - 보습 강화

⑤ 애프리코트 케르넬 - 영양 보강

3) 셀룰라이트 관리를 위한 화장품 성분

셀룰라이트(Cellulite)란 신체리듬의 불균형으로 야기된 특별한 형태의 지방으로서 지방세포가 물, 신체의 노폐물들과 결합하여 피하에 축적된 물질로서 주로 엉덩이, 허벅지에 형성된다. 셀룰라이트 부위는 울퉁불퉁하고 거칠고, 오렌지 껍질과 같은 형태를 하고 있으며 혈관과 림프관을 압박하여 혈액순환과 림프순환을 악화시킨다.

(1) 셀룰라이트 원인

셀룰라이트는 주로 여성에게 생기기 쉬운데 이는 여성호르몬의 급격한 변화가 혈액과 체액의 순환에 악영향을 미치기 때문이다. 또한, 운동 부족이나 과도한 스트레스, 동물성 지방, 당분, 술, 수

분부족 등은 셀룰라이트 형성을 가속화시키는 요인이다. 이 경우 소화장애, 변비, 혈액순환장애가 생기기 쉬워 정상적인 노폐물 배출이 이루어지지 않고 노폐물과 독소가 진피 내부에 쌓여 지방세포와 결합해서 셀룰라이트를 만들어 낸다.

노화도 셀룰라이트 형성의 원인이 되는데 나이가 들어갈수록 림프액의 순환이 잘되지 않아 수분과 노폐물이 쌓이게 된다. 피부가 푸석푸석해지고 몸이 붓는 것도 이 때문이며, 거대해진 지방세포와 결합해서 셀룰라이트를 형성한다.

(2) 셀룰라이트 특징

① 체액의 흐름이 원활하지 않아 정체 현상을 보인다.
② 순환장애로 체내 독성 물질이 축적된다.
③ 피부 온도가 낮다.
④ 영양 공급과 노폐물 배설작용이 저하되어 피부 상태가 거칠고 건조하다.
⑤ 피부 표면이 울퉁불퉁하다.
⑥ 그 주위를 압박하면 통증이 심하다.

(3) 마사지를 이용한 셀룰라이트 관리 방법

① 손과 기구를 이용하여 셀룰라이트 분해 효과가 있는 아로마 오일이나 제품을 병행하여 관리함으로써 지방 분해를 촉진하고 림프순환을 촉진시켜 셀룰라이트를 효과적으로 개선시킨다.
② 피부관리는 부교감신경을 활성화시켜 정신적 스트레스를 감소시키므로 셀룰라이트 관리에 매우 효과적이다.

(4) 셀룰라이트 관리용 화장품 성분

① 아르니카(Arnica)

국화과의 여러해살이 풀로 향흡착, 치료 효과, 순환 촉진, 피부에서 노폐물을 제거시키고 새로운 조직의 생장을 촉진한다.

② **무코폴리사카라이드**

피부 수분함량을 높여주고 탄력을 향상시킨다.

③ **제라늄**

림프순환을 촉진한다.

④ **레몬**

파손된 모세혈관을 복구하고 강화한다.

⑤ **사이프러스**

정맥류를 개선한다.

⑥ **티트리**

독소 배출을 도와준다.

⑦ **로즈메리**

림프순환을 촉진하고, 비만에 효과적이다.

⑧ **그레이프 프룻**

림프계를 자극하고 셀룰라이트를 제거한다.

4) 기타 전신관리용 아로마 오일

① **로즈메리**

혈액순환촉진, 탄력, 수렴작용이 있다.

② **일랑일랑**

피지분비 정상화에 도움을 준다.

③ **라벤더**

진정 및 세포 재생 효과가 있다.

CHAPTER

08 제모

1. 제모의 목적 및 효과
2. 제모의 종류 및 방법
3. 제모 순서
4. 주의사항

CHAPTER 08 제모

1. 제모의 목적 및 효과

제모(Depilatory treatment)란 신체에 있어서 불필요한 모발을 제거하는 일시적인 방법이다. 모발로 인해 피부가 매끈하게 보이지 않거나 노출 부분에 모발이 많아서 외관상 아름답지 못할 때, 또는 솜털에 의해 화장이 잘 받지 않을 때 제모를 실시한다. 적용 부위는 얼굴이나 겨드랑이, 팔, 다리 등이다.

2. 제모의 종류 및 방법

1) 일시적 제모

피부 표면 있는 부분만 제거하므로 항상 제모를 해야 하는 불편함이 있다.

(1) 모간 만을 제거하는 방법

면도기나 가위로 자르거나 족집게로 뺀다. 제모 크림을 이용하여 털을 녹여내는 방법도 있다.

① 면도(Saving) 이용 방법

준비 : 면도, 제모용 크림, 연마용 글러브

제모 크림은 강알칼리에 가까우므로 털이 녹은 뒤 깨끗이 닦아내고 산성 스킨 로션 팩을 해준다.

② 족집게 뽑기(Tweezing, 핀셋)

눈썹, 입 주위의 잔털을 제거할 때 사용한다. 알코올, 아스트린젠트로 유분기를 제거하고 족집게로 털을 잡은 후 털이 자라는 방향으로 집는 순간 힘 있게 뽑아 주는 방법이다. 면도보다 시일이 오래간다.

(2) 모근까지 제거하는 방법

① 쿨 왁스(Cool wax, Strip wax)

유동 상태로 되어 있으므로 바르기가 편하다. 민감성 피부, 열에 민감 반응이 있는 피부에 사용한다. 0.5cm 이상 체모를 제거하고 쿨 왁스를 얇게 바른다. 시술이 빠르고, 사용법이 간단하지만 털 제거에 미비한 결과를 보인다.

② 웜 왁스(Warm wax)

고형이거나 걸쭉한 형태의 왁스를 바르기 쉬운 상태로 녹여서 사용한다. 사용 전에 열에 대한 피부 반응을 체크하기 위해 팔목 안쪽에 떨어뜨려 본 후 사용한다. 밀랍, 송진, 파라핀, 합성 물질을 혼합한 것으로 연한 노란색이며, 차가울 때는 고체 형태로 녹는 온도는 68℃이다.

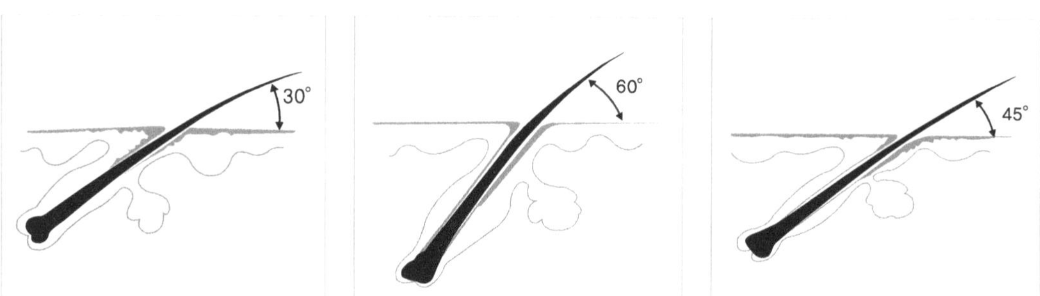

목 부분 털 성장 각도 | 턱 앞부분 털 성장 각도 | 얼굴 털 성장 각도

2) 영구적인 제모

① 전기분해술(Epilation, Electrolyse)

직류전기의 화학적인 작용을 이용한 것으로 모구를 파괴한다. 손잡이 끝에 바늘이 연결되어 있다.

② 전기응고술(Coagulation)

영구 제모 바늘로 실시할 수 있으며, 거미점(혈관조)의 경우 0.5mm 정도 깊이 바늘로 찌른 후에 몇 초 동안 전기를 통했다가 끊는다.

3. 제모 순서

① 알코올로 제모 부위를 닦는다.

② 털이 길 경우 수정가위로 1~1.5cm로 잘라준다.

③ 파우더를 바른다.

④ 웜 왁스(Warm wax)를 스패튤라(Spatula)에 적당량을 덜어 피부 표면과 45°의 각도로 기울여서 털이 자라는 방향으로 압의 세기를 일정하게 유지하면서 밀착된 상태로 도포한다.

⑤ 무명천이나 마(Linen) 등의 꺼칠한 면을 쪽을 피부에 밀착시킨다. 털 방향으로 쓰다듬어 준다.

⑥ 뜯어낼 때는 털 난 반대 방향으로 한 번에 뜯어낸 후, 즉시 손으로 눌러 진정시킨다.

⑦ 남아 있는 털은 핀셋으로 털 난 방향으로 뽑는다.

⑧ Wax cleanser를 미용 솜에 묻혀서 제모 부위를 깨끗이 닦아낸다.

⑨ 습포로 깨끗이 닦은 후 제모용 로션을 발라준다.

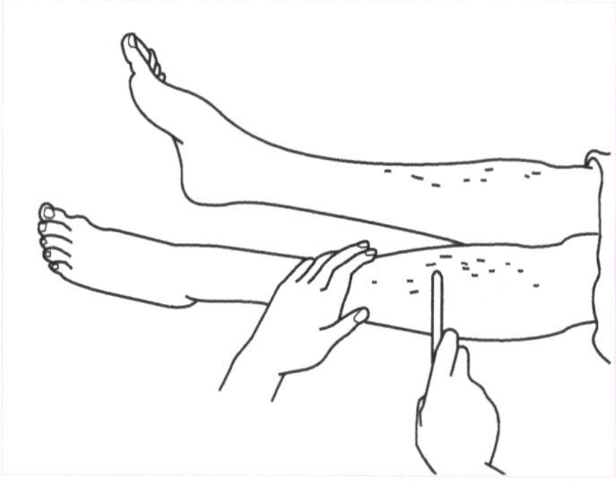

1 45° 피부 털 자란 방향으로 밀착하여 도포한다.

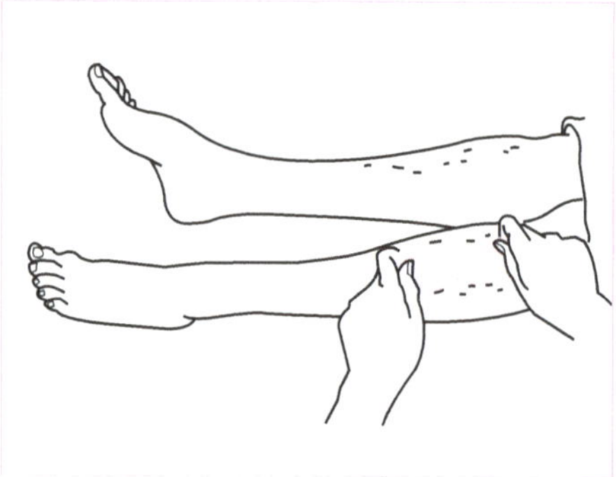

2 무명천, 마(Linen) 덮어 눌러준다.

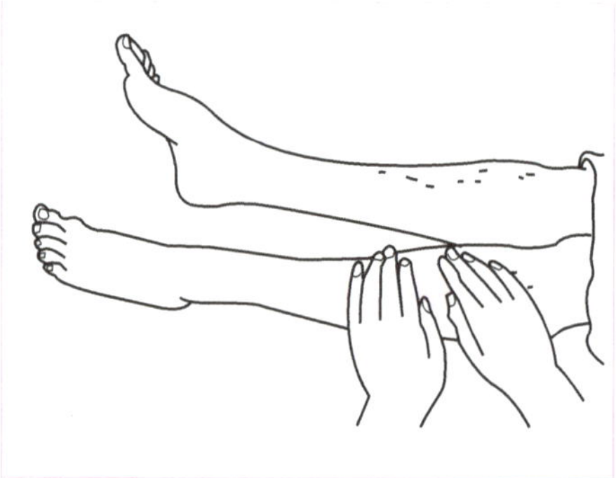

3 털 방향으로 쓰다듬어 준다.

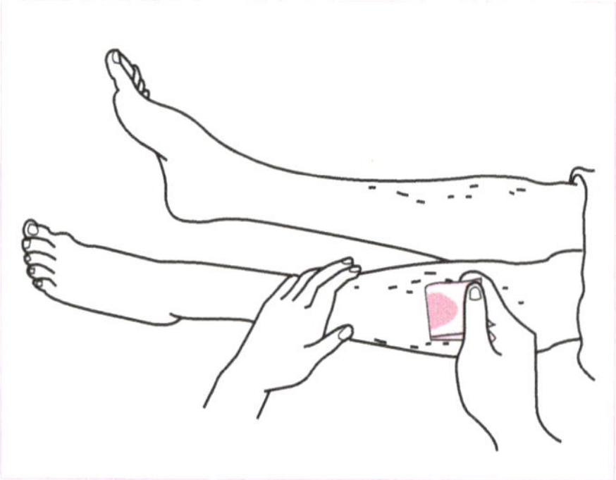

4 털이 자란 반대 방향으로 떼어낸다.

4. 주의사항

① 제모 직전에 사우나 또는 장시간의 목욕은 금한다.

② 제모한 직후 목욕을 금한다.

③ 피부가 과민한 상태에서는 제모를 피한다.

④ 제모한 직후 화장은 금한다.

⑤ 당뇨 증상, 정맥류, 피부질환, 상처, 사마귀, 햇빛 과다 노출로 인해 예민해진 피부 등에는 금한다.

참고문헌

강성례, 김나현 外, 《New 해부생리학》, 메디시언, 2011.

강수경, 김현주, 국지연, 김계숙, 이현화. 《기초 에스테틱》. 현문사. 2006.

강수경, 김현주, 이현화, 노영희, 《Basic Body Treatment》, 청구문화사, 2006.

강수경, 김경란, 김숙경, 박경순, 박정신, 정주미, 최미옥, 최수미, 《체형관리학》, 청구문화사, 2007.

김기연 외, 《근육학 워크북》, 대한피부미용전문가협회, 2008.

김명숙, 《피부관리학》, 훈민사, 2001.

김현주, 이나영, 고선주, 고혜정, 이현화, 최경임. 《에스테틱 살롱 트리트먼트》. 도서출판 정담. 2000.

김춘자. 《최신 피부미용학》. 훈민사. 2009.

양현옥, 박지영, 정은영, 차영애, 최은영. 《피부관리 기초실습》. 훈민사. 2001.

이성옥, 신명선, 강태경, 강정란, 김경옥, 박상태, 서영미, 유선미, 유영심, 이정화, 임진주, 장미경, 정명아, 황효진. 《EBS 피부미용사》. 고시연구원. 2008.

홍승정, 이연희, 최은영, 이길영, 이연미, 권혜영, 윤미숙. 《기초 실무 전신 피부관리》. 광문각, 2010.

이유미, 김금란, 장순남, 이인복, 《기초피부관리실습》, 광문각, 2011.

이혜영, 김귀정, 김영순, 이성내, 이성옥. 《피부과학》. 군자출판사. 2006.

채순님, 김종임, 한채정, 이윤정, 이혜정, 장경자, 《피부미용기기학》, 정담미디어, 2010.

하병조. 《화장품학》. 수문사. 1999.

한영숙, 최태부, 이연희, 김춘자, 김주연, 장미혜, 《피부학》, 정담미디어, 2010.

Donaid C.Rizzo, 역저자 김성로 外, 《해부생리학》, KMS(Komoonsa Medical Science), 2008.

James H. Caly / David M. Pounds, 옮긴이 성기석 外, 《클리니컬 마사지》, 영문출판사, 2004.

[저자 소개]

김금란: 두원공과대학교 뷰티아트과 교수
이유미: 정화예술대학교 미용예술학부 교수
장순남: 정화예술대학교 미용예술학부 교수

전신피부관리실습

2011년 9월 2일 1판 1쇄 발 행
2020년 3월 2일 1판 2쇄 발 행

지 은 이: 김금란 · 이유미 · 장순남
펴 낸 이: 박정태

펴 낸 곳: **광 문 각**

10881
경기도 파주시 파주출판문화도시 광인사길 161
광문각 B/D 4층
등 록: 1991. 5. 31 제12-484호
전 화(代): 031) 955-8787
팩 스: 031) 955-3730
E - mail: kwangmk7@hanmail.net
홈페이지: www.kwangmoonkag.co.kr

ISBN: 978-89-7093-638-3 93590

값: 20,000원

한국과학기술출판협회회원
KSPA